李宏夫——

著

你就是自己的心理医生

中国友谊出版公司

目 录

第一章　自我激励：每个人都有独一无二的价值

第二章 走出焦虑陷阱：
不要期待过高，更不要对自己失去信心

第三章 走出抑郁陷阱：积极行动起来，增强心理韧性

目 录

第四章　走出强迫陷阱：与自我和解，让人生变得海阔天空

第五章　你就是能够有效治愈自己的心理医生

第六章　7 天自我情绪疗愈方案

案例篇

第
一
章

自我激励：
每个人都有独一无二的价值

人生是用来记录美好的

你现在的人生状况是怎样的？幸福、抑郁还是孤独？我们也许还能列举很多，但这一切绝不是上天对我们的赏赐或者惩罚，这其实就是"给"与"收"的关系，你给出的是什么，最终都会返回到你自身。事实上，在你给出的那一刻，你的内心同时就已经收到了。

在生命的进展中，我们总以为自己看到了什么，事实上，无论我们看到的是什么，都只不过是头脑里过去概念和经验的累积。你眼前的世界仅仅是你内在世界的一个缩影而已，都是自己创造出来的。

不管我们如何解释眼前的世界，这都只是表达了一种看法，而与这个世界的存在本身无关。我们可以坚持用原有的眼光来看待事情，但只要你愿意，也可以选择以另一种眼光重新看待。

　　所以，在我们了解自己产生的各种情绪的原因之前，先保持一颗客观的平常心来看待这些情绪，它们其实也像我们的生命进程一样，随时都在变化出不一样的色彩。

喜怒哀乐，在每个人身上都会发生

在这个紧张、忙碌的时代，人变得越来越浮躁，情绪也时时刻刻扰乱着我们的生活。我们可能会因为一件小事和同事争吵、和父母争论、与爱人吵架、无故地训斥孩子……那么，这些情绪到底从何而起呢？

我们的所思所想、所作所为甚至身体的健康状况，或者说，我们现在的一切生活表现，其实都在受到情绪的支配。每一种情绪的表现背后，都有着个体渴望被理解、被支持和被接纳的诉求。

情绪是我们的心灵同外界环境接触而产生的种种感受。当所处的环境，所接触的人或事符合我们的心意时，我们就会表现出愉悦和快乐的情绪；反之，如果事物背离我们心意的话，我们就会陷入失望、愤怒或是不满等情绪。

我们更喜欢"好"的情绪，而排斥"坏"的情绪，因为"好"的情绪，带给我们的是愉悦的、快乐的感觉。但事实上，对"好"情绪的执着，却给心中分界出了与之相对的"坏"情绪。

主动接纳情绪，好过被情绪影响

情绪是我们内在感受的一种外在表现。每当我们的身体感官同外界接触时，就会产生一种感觉。比如，当我们看到红色时，我们就会产生一种感受。或许你感觉很好，因为红色给你的感觉是热情奔放；或许你感觉很不好，因为红色会让你联想到暴力冲突；也许你还会有其他种种感受——不同的人可能对红色有着不同的感受，但我们可以看到这绝不是红色本身的意义，不管你的感受是好的还是坏的，都是来自你过去所形成的经验。而我们就是这样被过去的经验所支配。

当我们看到一个人，或听闻一件事时，内心就会被过去的经验引导出一种感受，并产生相应的情绪。如果我们对一件事情的感受越多，我们内在对应的那个情绪能量就会越大。

　　如果我们可以善用这个情绪能量，合理地调控情绪状态，我们便是情绪的主人，而不是情绪的奴隶。我们的生命也必将是旺盛、悠然、自在的。

及时整理清空情绪垃圾

他人对你进行攻击，很多时候并不是他的品行道德出了问题，更多是因为他内心积累了过多消极情绪，需要寻找一个发泄的对象和窗口。

我们很容易把过去积压的情绪发泄在当下的场景中。也许你会说，总会有某些事情，或是某些人的言行让我不愉快。如果这种不愉快是持续存在的，通常来说，这个不愉快情绪，是你过去所积累的情绪的投射。一般单纯由某个事情造成的情绪，最多会持续 10 秒钟左右，然后就会自动消失。否则，就说明这个情绪很可能是过去积累下来的。你可以用这个方法审视一下自己，当下的情绪是来自事件本身还是来自过去的积累。

你就是自己的心理医生

所以，我们需要懂得识别自己的情绪，当我们觉得情绪糟糕的时候，我们可以去检查一下自己，究竟是什么事，什么人，让自己如此地不愉快？为什么自己常常陷入不愉快的情绪中？不管它是愤怒、是焦虑、是紧张还是其他情绪，我们都要正确地去化解它。否则，到了忍无可忍的时候，我们会把大量的情绪转嫁到无辜的人身上。

人生整理法：认识你的情绪三脚架

人的情绪有很多种，最常见的负面情绪就是抑郁、焦虑、强迫这三种。这里用一个"情绪三脚架"来帮助大家更形象地认识我们的负面情绪。

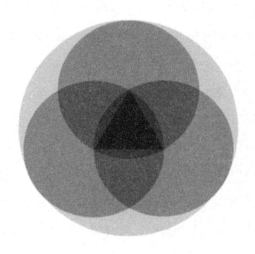

　　情绪三脚架是一个等边三角形，三个顶点代表了三种情绪，分别是：抑郁、焦虑、强迫。这三种情绪以各自的顶点为圆心，以三角形的边长为半径，形成一个辐射的圆形，每个圆形都代表了它们各自的情绪状态。三个圆形互相交错，也就代表了这三种情绪都是交织存在的。而三个圆形重叠的中心位置也就是三角形的中心点位置，代表了人的本性。三个圆形的外延又形成了一个外圆，这个外圆则是自然规律。

　　情绪三脚架与三个内圆重叠部分同心，此重心以等边三角形为核心时，是平衡的，即是圆满的人格本身。每个人都会经历各种的情绪困扰，三个圆则是不同情绪的表现形式和程度。两两相交的圆或是三圆的交集则是情绪的相伴出现，这代表了没有谁的情绪是单一存在，而是相互引发、相互影响的。

　　外圆则是自然规律，情绪三脚架与外圆同心，此重心依然是圆满人格本身。只要人发挥主观能动性，顺应自然发展规律，便能逐一破除情绪困扰，达到内在与自然的和谐统一，回归圆满。

幸福背后的心理学真相

无论做人做事还是思考问题，我们都需要保持客观、理性的态度。但是，对于抑郁、焦虑、强迫等心理问题而言，有时过多的大道理，反而会令自己陷入更深的纠缠之中。这是因为，我们不懂得如何正确对待抑郁、焦虑、强迫等情绪。

"觉知"是摆脱烦恼、痛苦的途径，是让我们的心回到当下的关键。只有活在当下，才能断除妄想和不切实际。没有妄想，自然就不会再有这些心理困扰。如此我们便可以从烦恼痛苦中解脱出来。这也正是森田疗法"顺其自然、为所当为"所要表达的思想。

森田疗法强调"不抗拒症状就能消除症状"。对待一切

你就是自己的心理医生

的紧张、焦虑、强迫、恐惧或是其他种种负面情绪的产生，我们的做法不是排斥和对抗，更不是控制、打压和批判，这一切都是纠缠，是依旧没有摆脱困扰的状态，只会不断增加内心的冲突。

正确的做法是"觉知"，只要保持"觉知"便是，不做任何心理的反应。如此一来，我们就会从妄想的循环中解脱出来，回到当下，一切的内心痛苦最后就会自动消失。

森田疗法治疗专家青木薰久先生，曾引用伊索寓言的一个故事，就很形象地说明了这一理论。

大力神海格力斯制服过许多凶狠的野兽和狡猾的怪物。有一天，他走在路上，忽然被一块苹果大小的石头绊倒。他非常生气，拔剑便砍。哪想到这块不起眼的石头竟然越砍越大，直到堵死了大力神前进的道路。

聪明的女神雅典娜告诉大力神："你越砍，它就越大，再砍下去，它不仅继续长大，还会拿出别的办法对付你。你如果不去理它，它反倒很安分，很快缩小到原来形状，还躺在那里，一动也不动。"海格力斯听从了雅典娜的劝告，停止了愚蠢的行为，收起了宝剑，那块石头果然立即变小，不一会，缩小到原来的苹果大小。

　　抑郁、焦虑、强迫等情绪问题就像那块怪石，你越是用力对抗，就越是会适得其反，紧张、焦虑、不安的症状就会越重，就会将你捆绑得越紧。但如果你接纳它，即不管它、不纠缠它，让其自由来去，症状就会失去力量，进而自动消失，这就是无常法则，宇宙万物的一切没有固定不变，一切都是生起、灭去的变化现象。

　　是的，一切紧张、焦虑、不安等情绪及症状都会消失，我们所要做的就是"如实观察""觉知"。无论是佛陀、老子或者古代的圣贤都在给我们用不同的语言表达这一共同的真理，你可以把这种做法理解为"顺其自然"，也可以理解为"平常心"，或者通俗理解为"接受"，都是同样的思想。

你就是自己的心理医生

什么是"觉知"？简单来讲，觉知就是"知道、清楚"的意思。觉知不是过去的，过去的是回忆，觉知也不是未来的，未来的是想象，觉知是当下的，知道当下在发生什么，才是觉知。

"活在当下"是禅修的本质。人的痛苦，从佛家思想来说，都是贪嗔的"执着心"造成的，令我们不断地陷入妄想之流的痛苦轮回中无法自拔。如何断除这种痛苦呢？就是活在当下。

这是一个实实在在的问题。但很多人会质疑或是不屑一顾地说：活在当下，我有哪天不是活在当下呢？

是的，只要你活着，你就在当下，但你只是身体在当下，而你的心更多时间都在过去和未来的妄想中，却很少活在当下，你的身心是分离的。

我们的心已经习惯了活在过去和未来，妄想已然成为心的习惯性反应，"吃饭的时候，想着工作，工作的时候想着其他"。活在当下这么简单的事情，但对现在的我们来说却

变得何其艰难。然而人必须活在当下，唯有如此，才能从无
尽的烦恼中解脱出来。"活在当下"这是真理所在，是顺其
自然法则所在。

第
二
章

走出焦虑陷阱：不要期待过高，更不要对自己失去信心

第二章

走出焦虑陷阱：不要期待过高，更不要对自己失去信心

远古时代，当人类面对危险的时候，焦虑会促使心跳加快，让血液流向四肢。这样可以让人快速逃跑或者奋起搏击，从而提高人在危险情境下的存活率。在现代，焦虑会增强人的工作动力，加快工作效率，为我们更好地适应社会提供基础。

有一个关于焦虑的寓言故事：

一天清晨，有个人在街上闲逛，迎面走来了死神。这个人就问死神："你要去做什么呀？"

死神说："今晚，我要带走这个城市里的100个人。"那个人焦急地说："好可怕！我要去提醒一下大家！"

于是他见人便说死神的这个计划。夜幕降临时，他又一次遇到了死神。

你就是自己的心理医生

他问死神："你说要带走的是100个人，可是为什么有1000人死了呢？"

死神无奈地答道："我是信守诺言的，我的确只带走了100个人，剩下的人是被焦虑和恐惧带走的。"

这则寓言讲述了一个道理：事件的确会让人焦虑，但焦虑本身往往不足以让人无法承受或感到崩溃。真正令人感到崩溃的是人们对焦虑本身繁衍出来的"滚雪球"式的焦虑。

随着社会节奏越来越快，人们的生活压力也越来越大，似乎没有哪个人可以躲开焦虑的骚扰。

在人人焦虑的时代，焦虑的具体表现却有所不同：幼儿可能表现为分离焦虑，学生面临考试焦虑，职场人很容易得社交焦虑，等等。雷克托博士曾说："焦虑是一种常见的情绪，所有生命个体对它都不陌生，就连一只低等的海洋鼻涕虫也不例外。"是的，焦虑其实就像我们生活中吃饭喝水一样平常，是每个人都会有的情绪。

假如，你是一名打工人，你会发现：没有足够的实力，是很难和别人去竞争的。家乡的小城市生活安逸，压力小，却没有太多的发展空间。大城市的好公司多，机会多，但竞争激烈，房租也连年看涨。

现代生活的快节奏，激烈的竞争压力，让人们感觉生活越来越累。每个年龄段的人，都会有各自不同的焦虑。但这些焦虑不应成为我们生活的绊脚石，正确看待焦虑的出现，化压力为力量，我们便可以活好自己的人生。

每个人都会有焦虑的时候

焦虑可以分为一般性焦虑和广泛性焦虑两种形式。

一般性焦虑，是对自己或亲人的生命安全、前途命运等，因为过度担心而产生的一种烦躁情绪，其中包含着急、挂念、忧愁、紧张、恐慌、不安等成分。往往事情过去了，焦虑就可以解除。

广泛性焦虑，是神经症中最常见的一种，以焦虑情绪体验为主要特征。可分为慢性焦虑和急性焦虑两种形式，急性焦虑就是我们常说的惊恐。主要表现为无明确客观对象的紧张担心和坐立不安，还伴有自主神经功能失调症状，如心悸、手抖、出汗、尿频及运动性不安等等。

焦虑从何而来

其实，焦虑就像你梦里出现的老虎一样，是虚幻的，它本身不会对你造成任何伤害。但如果你沦陷在梦境中，把梦中的幻象当作真实的存在，就很容易感到极度的恐惧，从而产生挥之不去的焦虑。所以大部分的焦虑其实是我们对不确定因素的恐惧。

怕让别人失望，就会让自己失望

焦虑情绪是与生俱来的，不可避免，在适度范围内对我们的工作和生活也是有所助益的。

但是，现代社会的生产方式已经发生质的改变。大部分人们不需要从事体力劳动，导致肾上腺素分泌物无法通过运动得以消除，致使人们往往无法做到快速排解焦虑情绪。

由于很难快速消除焦虑情绪，焦虑会给人带来失控感，从而让人对焦虑本身产生恐惧。这种恐惧会进一步引起肾上腺素的分泌，致使个人的焦虑体验感更加强烈。

不管焦虑的轻重，恐惧都是它发生的根源。悲伤、内疚或羞耻并不会引发焦虑情绪。但如果在这个过程中，你产生了恐惧，就很容易引发焦虑。也就是说，这些悲伤、内疚的情绪为恐惧打开了方便之门，而焦虑、担忧、害怕都不过是恐惧的不同表现形式而已。

比如考试焦虑。成绩平平的孩子一般不会对考试成绩抱有过多的关注或期待。而那些容易焦虑的孩子往往是因为各种原因对考试结果产生了恐惧，害怕考试结果不尽如人意，最终陷入焦虑情绪之中不能自拔。

不要为了功利心而过度消耗自己

你可能经常问自己，为什么自己会患上焦虑症，究竟是自己的原因，还是外界因素所导致的？为什么我会对一些自己明明知道没有危险的事情感到害怕？

有些焦虑症领域的专家提出"单因素"理论，他们简化焦虑症的发病原因，试图找到引发焦虑症的原因。

生物学上有个观点，认为焦虑症是因为大脑部分机能失调和身体的一些生理或心理上的失衡，所导致的一种特定类型的反应，如杏仁核和蓝斑核对情绪的影响。生理机能失调也是造成惊恐障碍和强迫症的因素之一，如大脑中缺乏一种叫血清素的神经递质就会产生强迫症。

走出焦虑陷阱：不要期待过高，更不要对自己失去信心

心理学上有一个重要观点，认为原生家庭即父母在养育过程中对你的忽视、虐待甚至是抛弃，会致使你的内心深处没有安全感。成年后会造成你对外界事物的敏感、多疑，甚至经常无端地感到恐惧、焦虑，从而导致相关问题的发生。

是的，家庭问题对一个个体来说影响是巨大的，但是把家庭问题上升为唯一的原因却是不正确的。不是所有不和谐家庭中长大的孩子都存在问题，也不是所有和睦家庭中长大的孩子都很健康。有时甚至是同一个家庭出来的不同孩子，其气质表现也会大有不同。

所以，焦虑症不是由一个或一种原因所导致的，而是由生活中各种因素日积月累产生的错误思维模式导致的。只有改变过去的不健康思维模式，焦虑症才能被治愈。

在这里，我们还需要明白一点：学习了解引发焦虑症的原因可以帮助我们更深入地了解这些问题的由来，但这些知识并不能直接解决问题，而是取决于是否找到了行之有效的调整方法。

你就是自己的心理医生

　　有一位哲人曾经这样说过："别去试着了解生命，要活在生命里面。不要尝试了解爱，要进入爱里面，然后你就会懂了。这样的了解是来自你的经验，并且不会被逻辑所困扰！"

绝大多数的人生焦虑，都源自随波逐流

当你看到别人面对各种生活压力可以应对自如的时候，你可能会疑惑为什么自己不能像他们那样。在你身上到底发生了什么？又意味着什么？

我们的焦虑情绪和自主神经系统有着密切的关系，自主神经系统是不受意识支配的自主活动，它控制内脏，还控制唾液和汗的流动，我们的情绪反应也会从这些方面体现出来。比如，当你感到恐惧、害怕时，会出现脸色发白、瞳孔放大、心跳加速、手心冒汗等反应。这都是在自主神经系统作用下的无意识反应，是我们从意识层面无法阻止的，除非你改变自己内心的情绪状态。

自主神经系统由交感神经和副交感神经两个系统组成。

其中，交感神经会做出与情绪相一致的反应，可以增强抵制各种危险的能力。比如，当动物遭遇危险感到害怕的时候，瞳孔会放大，心跳会加速，呼吸也会变得急促。这时，交感神经就已经做好了逃跑或战斗的准备。

当我们感到恐惧时，做出的反应其实和普通动物是一样的。就好像你很用心准备考试却没把握能考好，大脑就会发出脉冲电波刺激交感神经，交感神经又会通过神经末梢释放肾上腺素，加剧皮肤和内脏的活动，进而产生手心冒汗、心跳加快、呼吸急促、口干舌燥之类的症状。同时，我们身体里的两个肾上腺腺体，也会在交感神经的刺激下分泌出额外的肾上腺素，进一步增强交感神经的反应。

所以，当你出现上述症状或者肠胃不适、喘不上气、内急等情况时，这很有可能是焦虑带来的身体反应。

了解了自主神经系统的运作原理后，我们就可以明白焦虑为什么会发生了，这样可以帮助我们理性地面对身体反应，不再进一步对这些身体反应产生过度担忧和恐惧，焦虑情绪也会得到缓解。

打破习惯性焦虑的恶性循环

一般来说，精神活动总是向内看的人更容易患焦虑症。向内看的意思就是指注意力比较倾向于自我本身，对自我身心变化非常关注。具有这种特质的人比较喜欢自我反省，很容易自我批判并陷入思维的纠缠之中。他们有时就像独立于自己身体之外的个体一样，时刻监视着自己的一举一动，对自己的行为及想法保持一种深度的警觉。任何他们不认同的想法或念头都会被习惯性地批判、排斥甚至厌恶。

比如之前有位社交恐惧者曾经自述：当我在跟别人进行交流的过程中，总是会不自觉地去关注自己的面部表情是否自然，思考自己会给别人留下什么样的印象……所以，在心理层面总是会不自觉地去控制自己的表情和情绪。这样导致的结果就是越去控制自己的表情，就越会感觉不自在，表情也变得越来越僵硬。

除了上面说的对自己的内在过于关注之外，这种性格类型的人，还有一种强烈的自我苛刻和完美主义倾向。

他们对自己的身心状态、工作、生活等方面的要求都比较严苛。很容易把一些小的事情放大，形成心理学中讲到的自我攻击。

这种过度的完美主义及对自我状态的过度关注，很容易让人陷入内心的冲突。由此产生两种负面表现，一种是对自我的攻击，另一种是缺少现实的体验经验。

第一种，自我的攻击。比如之前所讲的例子，我们在社交过程中会紧张、不自然，这种情况在普通人身上是很常见的。大多数人在社交过程中都体验过类似的紧张和焦虑。但是一般人的注意力是向外的，不会对发生在自己身上的内在有过多的关注。他们的注意力往往是放在具体外部跟人交往的事情或技巧上，不会过于关注自己的表现是否自然，并继续把自己当下的事情做完，精力放在工作本身，这样不容易引起心理冲突。

　　对于焦虑症患者，他们总是试图不让自己紧张，苛求让自己表现得完美，而忽略了任何事情的发展都有一个过程，急于求成只会让自己变得更加焦躁不安。

　　另一种是缺少现实的经验体验。因为对自己的内在过于关注，头脑的注意力都放在跟自己的纠缠上，所以无暇顾及现实的生活。

顺其自然，焦虑也能变成生活的契机

很多焦虑的朋友在自我调整过程中总是会遇到一些相似的问题。比如："怎样才能做到接受焦虑？它让我那么难受，我怎么可能接受它。有时候强迫自己，反而让自己更加痛苦。"

还有很多朋友会问道："书上说，活在当下就可以远离焦虑。可是在实际生活过程中却无法做到，怎么办？"

你是否也被以上的问题所折磨？特别是对于某些喜欢看书的朋友。字都认识，意思好像也明白，可是在具体实践过程中却"有心无力"。

森田正马提出过关于治疗神经症的核心理念"顺其自然，为所当为"。"顺其自然，为所当为"是根据意思翻译过来的，也叫意译。也就是翻译者根据自己的理解做出的解释。听起来文辞是优美了，结构也对上了，但是意思却更晦涩了。

"顺其自然"如果按照日文直译过来就是原封不动，不去改变。也就是不管当下是什么感受、什么想法，你既不需要去排斥它，也不需要认可或喜欢它。你所要做的就是与它共处，不去纠缠。换一个词就是保持"平常心"。

我们来看第一个问题：抱怨自己学着接纳，焦虑却没有减轻。

这个症状没有减轻就已经暴露了他的企图心，也就是他把这个方法作为消除症状的一种手段。那这个消除症状的企图不就是源于对症状的排斥吗？而这个跟"原封不动，不去改变"是相违背的。所以他并没有真正做到接纳。

我们来看第二个问题：强迫自己接受焦虑。

这个强迫自己接受，细化一点，他可能在强迫自己喜欢或认可症状。而实际的"顺其自然"并不是要求你去喜欢症状，而让你与症状共存，不去跟症状纠缠。所以你不需要强迫自己接纳。只要不去试着改变症状就可以了。

第三个问题：怎么样活在当下呢？

活在当下就是接受自己当下的所有状态，做自己该做的。比如此刻你是焦虑紧张的，那么你不需要去改变自己当下的焦虑紧张状态，只需要去做你当下该做的事情。当你不去关注紧张状态，把注意力向外投注的时候，慢慢地那些焦虑紧张的情绪自己就消失了。而如果你一直把注意力投注在紧张的情绪当中，你会发现那种焦虑感会不断被加强。

所以，怎么样活在当下，远离焦虑抑郁的恶性循环呢？

那就是放弃改变当下状态的努力，做你该做的事情。

走出抑郁陷阱：
积极行动起来， 增强心理韧性

　　除了创伤性事件外，抑郁症往往是一种长期负面情绪积累的爆发，当情绪的积累超出人的心理荷载时，就会在生活中的某个方面撕开口子。

　　抑郁症的症状有各种各样的表现。我们可以就常见的临床症状来了解一下，但是千万不要擅自给自己贴标签。

心境层面

　　患者很容易出现持久的情绪低落，忧郁惶恐，兴趣减退，悲观厌世，生活信心减退，常常有无用感、无价值感、无助感及过分自我谴责。

你就是自己的心理医生

思维层面

反应迟钝，变得寡言少语，交流困难。

认知功能

注意力很难集中，记忆力减退，敏感多虑，协调能力减退，凡事总往坏处想，思维消极。

躯体症状

伴有睡眠障碍，疲惫乏力，食欲减退，消化系统紊乱，体重变化，身体某些部分的不适感，等等。

以上的症状列举，仅仅是对抑郁症有一个简单了解，但这并不代表有以上的部分表现就是抑郁症，对于平常人而言，因生活压力而造成的焦虑或忧郁情绪，也可能会出现以上状况，但只要不是持久性的并且没有严重地影响正常生活和工作，那就是"普遍性"的或者说是"正常"范围内的一种表现，它会随着时间及对生活的投入逐渐消失的。

　　要想看清抑郁症的本质，我们要做的是不断地改变这颗容易造成情绪，积累情绪的心，改变这种不健康的心理模式，而不是一味纠缠于看似造成抑郁的表象问题。当心安定了，我们会发现，看似造成我们抑郁的问题，往往变得不再是问题，自然就放下了。

情绪积累越少，执着越小，心理越健康

我们如何看待事物，对事物产生情绪及行为的一种习惯性反应就是我们的性格。心理决定行为，心理决定情绪。我们反复强调，抑郁症是一种长期负面情绪积累的爆发，造成这种情绪积累的原因是我们这种不健康的心理模式。

我们通常说的性格好，也只是反映在某些方面，这并不能代表全面。无论一个人的性格是多么开朗、外向，也都会有偏执的地方存在。过度的执着是一种不健康的心理表现，就会不断地造成负面情绪。这些情绪无法排解，就会产生情绪的连锁反应，进而泛化。当负面情绪的积累超出了心理负荷，就会产生种种心理问题，抑郁症、焦虑症往往就是如此。

用我们通常的所谓性格内向与外向的眼光，来判断抑郁

症是不全面的。事实上，所谓内外向性格也只是一种相对的表现。我所辅导的抑郁症学员，有相当多的人在此之前，都是被"公认"的外向性格，但事实是他们依然无法自拔地陷入抑郁中。

真正衡量一个人的心理健康程度，是一个人的负面情绪积累有多少，"执着心"（贪求、厌恶、敏感、多虑、多疑、急躁、完美主义）程度的大小，而不是单纯的内向或外向性格。简单讲，一个人的情绪积累越少，执着越小，他的心理就越健康，如此，也就越会远离抑郁症。

心向法则：多一些喜欢，增加一些干劲

虽然抑郁症已不是一个陌生的"疾病"，但在认识上，很多人存在一定的偏见。

"抑郁症可以治愈吗？"

从事抑郁症心理辅导多年，我听到学员问得最多的就是这句话了。也许这也是你想问的，可以肯定的是，只要是在正确方法的治疗下，无论是什么程度的抑郁症，无论是由什么原因造成的抑郁症，都是完全可以治愈的，西方及国内有太多的临床及研究数据已经证明了这一事实。

所有抑郁症的治愈，都是自我的疗愈。专业老师的帮助及方法，都只是给你一个正确的引领，协助你找到自己内在

本就具有的能力。确切地说，所有的心理疗愈，都是自我的疗愈过程。当然，如果你不对心理做正确、正当的梳理，也不进行改变，并且，仍然像以往一样去看待生活和事物，那么，自愈是很难的。

我们首先要清楚，抑郁症发展到了什么程度。如果是处在轻度的，并且自身还能进行一定的调节，那么，我鼓励你先尝试自我调整。

如果你已尝试多种方法并努力调节，却没有取得改善，并且抑郁症已经发展到严重影响正常生活、工作及社交，出现了明显的躯体症状，且无法自拔，那么，就需要寻求专业的帮助或治疗，忍受和逃避只会令自己的抑郁情况变得更糟，并会导致症状的泛化。

经历痛苦是必然的，这是你人生的功课，是你心灵的修炼，你无法逃避，即便你选择专业的心理治疗或帮助，也同样要经历类似的心灵历练。

你就是自己的心理医生

　　家人的理解和支持对于我们的康复是有一定帮助的，在一定程度上可以减轻我们的心理压力，为此，我们需要在合适的情况下将自己的症状告诉家人或者知心的朋友，而不是选择一个人默默承受。

理性、客观地看待自身问题

没有什么外来神力、某种力量控制我们的生命，一切皆由我们这颗"心"而造。只要心向法则，人生处处是安乐。反之，也会遭到法则的惩罚。

我们会以一颗喜好厌恶的心去思量审视。当我们的言行举止、身心状态、所作所为或是所遭境遇，不符合我们所认为的"好""标准"或"正常"时，心就会变得厌恶，厌恶的心又会不断地制造排斥、对抗，结果是越陷越深，恶性循环。

有些人相信某种占卜、算命。令一些人更加深信不疑的是，某种"算命"的说法，似乎在生活中应验了。他们并不了解，假使如此，也并不是"算命大师"具有天眼神通，简单讲，只能算是一种心理暗示的结果。我们人生的境遇，喜、怒、哀、乐……皆是我们内心的造作和显现而已。你对眼前世界的反应，你所产生的情绪反应，完全来自你的"心"。

每一位抑郁症朋友都希望一觉醒来如梦方醒，希望某种方式或者方法可以让自己一下子就好了，在我曾经患抑郁症期间又何尝不是呢，因此，我非常理解这种心情。希望是好的，但我们还是要理性、客观地看待自己的问题。

对于普遍性的抑郁症疗愈而言，就是心理的改变过程，我们唯有脚踏实地，勇敢面对，沉下心来，去修炼这颗心，才能得以治愈。不要寄望于捷径，更不要寄望于某种灵丹妙药让我们一下就脱离痛苦。要清楚，成长道路无捷径。

转移注意力对于某些负面情绪会有一定的疏解，但这更多是一种回避问题的做法。对已发展成的抑郁症而言，是无法通过转移注意力的方式治好的。

走出抑郁的 7 点建议

1. 任何一种在你认为可以给你带来好心情的方式, 只要是不伤害他人, 不违背社会公德的, 你都可以去尝试和体验。

如果你认为旅行可以给你带来心情的放松和改善, 那你就行动起来。但你旅行的目的, 不应只是纯粹的一种改善抑郁的方法, 如此就会造成执着, 就会心不在焉, 你只会不断地关注自己的心情有没有改善, 令自己陷入新的批判和纠缠中。

2. 尽可能迫使自己动起来, 做一些自己能做的事情, 不求结果, 只是简单去做。虽然, 你不想动, 不愿与人接触, 不愿做任何事情, 但这会让你更加的消沉, 因此, 你要在可承受的范围内强迫自己动起来, 至少, 你要在力所能及的范围内，保持每天规律的室外运动，这一点很重要。封闭自己只会加剧抑郁的情绪，令其越陷越深。因此，接触外界，或是专注去做一些力所能及的事情，对改善抑郁的症状是非常有帮助的。

当你身体力行时，你便没有太多精力胡思乱想，也会削弱你对负面情绪的关注和体验，反之，就会容易在自己的情绪里越陷越深。

3. 家人给予抑郁症患者一定的理解和支持是非常必要的，这有助于患者建立起对生活的信心和希望，有助于患者走出抑郁。在我看来，抑郁症状的严重程度只是一个小方面，重要的是患者一定要有信心和希望，反之，一切都将变得困难重重。

向亲人或朋友倾诉自己的烦恼是好的，但你不要期望对方能理解你的感受，没有吃过苦瓜的人，你如何让他了解其中的苦涩呢？

4. 看心理相关的书籍是好的，但对于抑郁症朋友而言，并不是多多益善，你应该有所选择。凡是引起你思想混乱或纠结的内容，你都应该将它略过，不要陷入纠缠，或是暂时停止去看。相反，对于能够给予自己启发或是共鸣的书，你可以重复地温习体会，保持平常心，那么你会有更多的获益。

5. 在饮食上，多吃清淡的食品是好的，这有助于肠胃功能的消化和吸收，会减弱身体的沉重感。身体的沉重感减轻，我们的负面情绪也自然会有所改善。

6. 规律的生活作息，对人的身心包括整个内在系统，有着非常重要的积极作用，因此，晚上 11 点前，在没有特殊情况下，你要卧床休息，但不必强迫自己入睡，顺其自然。早上尽可能在 7 点前起床，做你需要做或是力所能及的事情。

7. 除非正在进行的治疗，是需要长期住院或长期封闭学习等形式的，除此之外，在我看来，没有必要一定要辞职、休学或是找一个专门的地方进行治疗。如果症状还在可承受范围内，或者是并没有达到严重的影响程度，那么，我鼓励

你一边进行治疗或自我调整，一边进行你所应尽的本职。我
认为伴随生活的治疗或调整往往效果是更好的。我们的问题
往往就是出现在生活中的方方面面，此时出现的问题，恰恰
正是需要我们积极面对和处理的。

第
四
章

走出强迫陷阱：
与自我和解，让人生变得海阔天空

　　每个人的性格中，或多或少会有追求完美的一面。追求完美没有错，但是，如果过度追求，就是一种强迫的表现了，就会带来无尽的烦恼。那么，从完美变强迫，到底是哪里出了问题？

　　我们有必要先了解，造成强迫症的原因是什么？

　　虽然，造成强迫症的原因会有很多方面，但往往还是与强迫症患者旧有的心理模式密不可分，容易敏感、多虑、多疑、急躁、完美主义等心理特质，是大多数强迫症患者的普遍表现。

　　无论是强迫、焦虑、恐惧还是抑郁等症状，没有哪一种症状是纯粹的、单一的表现。这些症状往往是相伴、交织、连动的存在，区别是表现的主体症状不同。

　　简单来说，强迫本身就是一种焦虑、不安。当焦虑、不安无法摆脱时，久之就会造成抑郁。抑郁又会引发（加剧）焦虑、强迫，造成恶性循环。这种心理活动可以是任何一种负面情绪或心理症状的发展。

完美是把双刃剑

有人说，强迫症是内心强烈的冲突与反冲突；有人说，强迫是自己和自己的斗争。

在与强迫症的斗争过程中，哪些是你需要了解的：有人认为，只要解开了令我强迫的心结，就不会再有强迫了。

我们说，打开心结对强迫的改善，固然是有帮助的，但心结的打开不代表心理模式的改变。如果心理模式不改变，我们这颗心还是很容易打结，那么，各种强迫就很可能再次席卷而来，情况也往往如此。

从强迫症治疗的观察和统计来看，很少有因某个心结的打开而得到完全的治愈。强迫心理会不断地制造出各种所谓

的心结。如果只在表面上去解心结，就是一个无底洞，我们
会发现总是会有解不完的结，一个又一个的问题，老问题，
新问题，反复不断。真正的问题出在我们这种强迫的心理，
这种不健康的心理模式，这才是问题的源头。

有很多强迫症朋友被"指教"："当强迫出现了，你转
移注意力就好了。"

是的，这是个好做法。有些时候，转移注意力是可以缓
解强迫及负面的情绪，但对于强迫症的疗愈来说，是无法通
过转移注意力的方式治愈的。当强迫达到一定程度时，不仅
很难转移注意力，甚至转移注意力都会变成一种控制，一种
强迫。所以，只有改变了我们这种强迫的心理模式，遇事能
越来越不纠缠，不执着，懂得以平常心看待生活时，强迫症
自然就痊愈了。

第四章

走出强迫陷阱： 与自我和解，让人生变得海阔天空

少一些自己制定出来的好恶标准

很多强迫症朋友都知道"顺其自然"的道理，但却难以做到。是的，知道和做到是两回事。"喜欢"讲大道理，是我们强迫症人的强项，但很多时候这种大道理，并没有让我们摆脱强迫，反而变成另一种强迫。

有一位的强迫症学员在一次辅导时讲："老师，我希望您不要给我讲大道理，大道理我都懂，但是我就是做不到，我想要的是什么方法才能让我做到不强迫。"

自然法则要我们做的就是顺其自然，别的"什么都不做"，当紧张、焦虑等情绪或症状产生时，不抗拒、不参与，就只是如实观察便是，就像一个无关的局外人一样观察（觉知）它。"就好像'你'来了，我知道'你'来了。"如此一来，

负面情绪或症状就会逐渐自动消失。

但懂得道理和能做到是两回事。"我怎么才能做到顺其自然,我怎么做才是顺其自然,我是不是在顺其自然。"当顺其自然变成一种思考的东西,顺其自然已经就不是顺其自然了,而是一种强迫了。

举个例子,这是我个案辅导中的一段对话:

我:"如果你往一个平静的湖面丢一块石头,湖面会出现什么情况?"

她:"当然是会泛起很多的涟漪啦!"

我:"是的,那如果让湖面恢复平静的话,你要怎么做?"

她:"不再动它就行了。"

我："没错，我们内心的原理也是相同的。

"就像这个泛起涟漪的湖面，我们想让它平静下来，想消除泛起的涟漪。但我们过去的做法是什么呢？我们在做相反的事情，不停地再搅动，结果怎样呢？不但不能消除，反而会激起更多的水花。

"有些方面，你应该已经体验到了，你的担心并没有因为你的心理斗争而消除。"

她："是的，李老师，就像我担心某种高级病毒在空气中传播，会传染给我，我明知道这种想法很荒唐，可我就是控制不住这么想。

"我不断用理智去打消这种担心：这都是自己的胡思乱想，哪儿那么容易就有这种病毒啊，真要是有的话，国家早就检测到了，早就采取措施了。然后另一个声音马上就跳出来了：这可能是一种高级病毒，这种病毒很可能超出了国家目前的检测能力和医疗水平。即便不是这样，万一有漏网之鱼呢，万一你点背摊上呢？一个接一个，没完没了了，我都要疯了，真像您说的，不仅消除不了担心，反而让我越陷越深。"

如果我们不了解强迫的特点，只是不断地接招儿，那我们会被强迫"玩死"，因为强迫总能见招拆招。

看看强迫思维的招数：

强迫说："刚才抽血用的这个针头会不会是不合格的产品？"

理性说："不会吧，这可是正规的医院。"

强迫说："万一，采购医疗用品的医生，是黑心的医生呢？"

理性说："不太可能，现在的监管体系也都很严密的。"

走出强迫陷阱：与自我和解，让人生变得海阔天空

　　强迫说："再正规，再严密的地方也会有漏洞。"

　　接下来就是一连串的思想斗争了，然后会怎样呢？然后我们就蒙圈了。一旦我们陷入强迫的怪圈中，我们就无法自拔了。

　　对待强迫，正确的做法是不理它，不管你如何乔装打扮迷惑我，我都不动声色，只是保持"觉知"，对一切生起的思维或感受就只是保持"觉知"便是，如此一来强迫就会渐渐失去力量而消失。这就是无常法则，自然万物无论是有形还是无形的事物或现象，没有固定不变，一切都是生起、灭去的变化过程。当我们不去纠缠强迫思维，它就会慢慢减弱最后消失。相反，我们去评判它、纠缠它，它就会愈演愈烈。

不执着于自己的没有之物

我习惯把强迫症比喻为"影子"。没错，就是"影子"，"赶不走、打不死、如影随形"。强迫症就是如此的狡猾与难缠。如果说，抑郁症的人，是在和抑郁这种心理疾病做斗争，那么，强迫症的人，往往就是在和自己做斗争。

任何细微的变化都可能会给我们造成不安和害怕，发现枕头上有头发，就担心是某种疾病的预兆，担心头发会掉光了。看到"4"或"7"的数字，就会想"是不是要死了，是不是噩运要来了"等等。

虽然每天都只想躺在床上逃避现实，但痛苦并没有因此而减少，头脑仍然在高速旋转中，充满了忧郁、绝望，除了想到"人活着没意思""世界很凄凉"外，想不到任何的"好"。

再就是想，自己要怎么个"死"法。很想一死了之，但又很怕死，内心纠结拧巴。

无论身处何种环境，都充满焦虑不安。无论再搞笑的喜剧，对自己而言，也不再有好笑的感觉。无论再有意思的事儿，也变得完全没有兴趣，感觉自己丧失了开心的能力。

心变得异常敏感，就像拴了线儿一样，听到或看到不好的东西，就会咯噔一下浮想联翩。当时特别害怕自己会变成"精神病"，总是控制不住去网上查询"精神分裂"的症状，越看越害怕，越是会去拿自己对照，结果是了解得越多害怕得越多。最要命的是，很多抑郁、强迫的症状，本来自己没有，之后都变成自己的了。

神经症（强迫症、抑郁症、焦虑症、恐惧症等）患者的内心都是非常脆弱的，任何信息都可能对自己造成强大的负面暗示，我对此深有体会。

强迫症往往不是由一个点、一个因素造成，而是多个点汇聚而成的面，定点消除法实在是漫长的过程。甚至一个点有时还要探究很长时间，即便心理咨询师有耐心，患者却没了信心。

很多患者的症状看似由生活中的一个因素引发，然而这只是一个导火索，要清楚的是，没有这个甲，也会有那个乙、丙、丁。

从强迫症的心理治疗效果来看，相比而言，森田疗法更显得卓有成效，创始人森田正马是位名副其实的实践家，从一名神经症患者蜕变为心理学大师，期间经历的磨难及对真知的坚持探索，铸就了他的伟大。就生命的意义而言，他的实事求是和奉献精神值得我们所有人学习。

森田疗法很好地秉承了禅宗和道家"顺其自然、无为而为"的思想，无数神经症患者从中受益，我也是其中一位。但如果森田先生能在他的体系中，为神经症患者指出生活中更容易上手的训练方法，那就锦上添花了。

不给自己设置囚笼，才能让人生看见另一种可能

强迫症总是伴随着焦虑、恐惧、抑郁等症状。抑郁症、焦虑症等也是如此。

如果，我们仍然以旧有的思维方式对待强迫症的话，不仅不能消除强迫，反而会加剧强迫，且造成强迫的泛化。正确的态度是保持平常心，即不执着、不纠缠，如此一来，强迫就会慢慢消失。本书介绍的观息法就能做到这一点，这也正是森田疗法所倡导的"顺其自然、为所当为"的思想，只有这样才能真正战胜强迫的心魔。

第
五
章

你就是能够有效治愈自己
的心理医生

客观认清自己，也是一种能力

精神分析学派鼻祖弗洛伊德通过大量的临床病例指出：儿童期间的成长经验是一个人性格形成的关键。从我们出生起，社会及周遭人事就开始影响我们，并逐渐形成基本的道德衡量标准：什么是好，什么是坏，什么是该做的，什么是不该做的。

其实在孩子的眼中，世界本来是没有任何禁令和危险的。通过教育，我们才慢慢学会了判断自己行为和他人行为的标准。我们"懂得"了谩骂别人、殴打别人是不好的，我们"懂得"了表达愿望，要求别人是自私的，等等。如果我们没有遵守这些准则或者没有达到这些标准，我们就会受到指责、拒绝、训斥甚至是打骂。

你就是自己的心理医生

受这些观念的影响，我们现在会是什么样的人呢？也许人际关系不好，常感到被孤立；也许情感压抑，经常出现莫名的抑郁或是暴躁不安；也许悲观厌世，对周遭环境感到厌恶或恐慌。

这种模式代代传承，我们从降生的那一刻就开始被灌输这样的观念，待到我们为人父母时，我们又不自觉地把自己的价值观复制给孩子。家族模式的这种代代传承，造成了我们和父母相似的性格，于是我们对自己的性格得出了这种结论："噢，没有办法，这是遗传。"很多人会认定性格是天生的，是父母遗传给我们的，且是无法改变的。坚持这种观念的人，其实大部分是无法主宰自己的人。

科学研究多次验证，性格的形成和发展是遗传因素和环境因素相互作用的结果。遗传因素仅仅提供了性格发展的可能性和方向，而环境因素像家庭、社会、学校等因素是将遗传因素对性格的发展存在的可能性塑造为现实。简单来说，环境因素才是性格形成的直接塑造者。

现在的"自我"，有哪一点不是过去经验和观念的累积呢？然而，只要我们愿意，任何限制我们的部分，我们都可以改变。我们只要持续坚定地去认同正面、和谐的新思想，我们的潜意识自会帮助我们完成剩下的工作。

生气时，到底发生了什么

任何人、事及现象本身不会真正伤害到我们，真正伤害到我们的是这些状况的背后，我们所解读的那个意义。

假设一天早晨，你正在办公室认真专注地工作，这时，你的领导走过来，莫名其妙地把你批评一顿，甚至是威胁恐吓。他在对你胡乱指责一通之后就拂袖而去了，你会有什么反应呢？你一定会非常愤怒，恨不得骂他祖宗十八代。在随后一整天里，你可能都会笼罩在这股情绪中无法释怀。而另一方面，你可能又会因自己没胆反击对方而自责。但究其根本，是你无法接受自己被伤害这个自我内化的事实。

从情绪的特性来说，如果一种情绪没有被及时合理处理掉的话，它不会随着时间的推移而褪去，时间只会把它掩藏起来，当我们在生活中遭遇类似或有所关联的情景时，掩藏的情绪就会像一瓶被晃动的汽水，瓶盖被拧开的刹那，气体就会跟着饮料喷涌而出。之所以如此，并不是因为瓶盖被打开了这件事情，而是那个被晃动的汽水本身含有碳酸的成分。正如生活中令我们产生恼怒不愉快的情绪，究其根本，不是那个外在的事物，而是我们早已被划伤的心灵。

你莫名其妙地被领导一顿痛批之后，隔天早晨，你发现你的同事 A 君也无缘无故地遭到这个领导痛批。对此，你心中的怒火可能会被再次掀起。你也许会认为这个人简直就像个疯狗，到处咬人。你除了恨不得将他碎尸万段外，还要再次诅咒他祖宗十八代，以泄你心头之恨。但没过几天，你得知你所痛恨的这个领导，正是在那两天婚姻破裂，而且孩子也被判给对方。

试想一下，当你了解到这个情况后，你又会是什么感受呢？我想你的愤怒情绪一下子就消散了很多。或许你还会存在一点情绪，但我想，这已完全不会影响到你。你甚至还会生起同情之心。因此，你更不会再像之前一样，想着有朝一日如何去报复对方，因为，你知道他的行为背后的动机并不是针对你，而是针对他那时内心无法宣泄的情绪而已，所以你不会再耿耿于怀。

一个有精神疾病的人对我们出言不逊，我们会宽恕他，因为他是没有清醒理智的。而如果一个表面上正常的人对我们这样，我们将恨之入骨。但事实上，只有被情绪控制的人，才会有这种不清醒、不理智的行为。这种行为本身，又何尝不是一种非健康或者说一种病态的行为呢。

我们会反复提到"看待问题的方式"，这并不是让我们凡事都要去宽恕、去容忍，只是给我们提供一个机会，去重新选择看待问题的方式，并且可以站在更客观的角度去看问题。

如果现实发生的状况令我们悲伤绝望，并且已严重地阻碍了我们生命的进程，那我们为什么还要死守着令自己感到痛苦的所谓看法和感受呢？要知道，我们的看法和感受也仅仅不过是由过去的世俗经验所构建的而已。

因此，我们可以选择一种新的角度去看待事物。只要是有助于我们内心平静和具有建设性的，那就是真实的，除此之外，一切都是习惯性思维所导致的扭曲的观念。也许我们不能改变外界环境和已经发生的事情，但是可以改变它们对我们的影响。

负面情绪也可以转化为人生的动力

情绪是一种能量的传递，更是我们生命的动力。当我们感到愉快时，会感觉精力充沛、热情饱满。当我们感到不愉快时，就会变得消沉颓废，生活一片混乱——两种情绪状态会给我们的生活带来截然不同的境遇。这不是情绪本身的问题，也不是我们认定的那些造成情绪的人或物的问题，而是来自我们对过去经验的认同。

在负面情绪出现时，我们是要压抑自己还是去惩罚他人？其实负面情绪的出现不是无缘无故的，但你要意识到："你只是被这个负面情绪所干扰。"当你认识到这一点，和负面情绪有效"分离"，负面情绪也就不难化解。

生活中出现的负面情绪一般都会有个诱因：某个事件或

某个人。真正可以让自己不受伤害的方式很简单，就是遵从这个情绪的自然表现，允许它，接受它，不与它纠缠。

事实上，情绪本身没有好与坏之分，就只是一种感受而已，是因我们内心的贪恋和厌恶，造成了喜怒哀乐等情绪的分别。如果我们能正确看待自己的情绪，知道好与坏情绪就像硬币的两面一样只是一种存在，不排斥它，我们就可以感受到更多平静与淡定。

我们必须对自己的情绪负责，尤其是不要让家人或朋友成为自己情绪的出气筒，这不仅伤害了我们身边的人，也更会给我们的内心带来愧疚和罪恶感。因此，为了我们心灵的真正安宁，我们需要学习了解自己的内心，正确认识自己的情绪，将正面的能量散播给身边的人。

压抑自己或惩罚他人，都相当于认同了那个伤害，而你所做的一切报复行为，也只会强化你心中那个已经被认同的伤害。

我们需要对自己的情绪负责。所有已经发生的不愉快，都不能成为我们惩罚自己，或是"理所当然"讨伐别人的借口。

保持平常心，烦恼不复存在

情绪以一种能量形式存在，任何过去没有处理的负面情绪，都会积压在我们内心深处，在某个条件下爆发。如果我们懂得转化这股情绪，它将为我们所用，否则，不仅伤害自己也会伤害他人。而从本质上讲，你并不能真正伤害到他人，别人同样也不能真正伤害到你。真正的伤害，都是源于我们对"伤害"的认同。

拿我们的身体来说，看上去我们当下的身体是不变的，但事实上，我们体内的细胞组织每分每秒都在衰败和生长，这就是生老病死的无常。

我们的情绪也是一样。你体验过一种负面情绪从过去到现在时时刻刻持续存在吗？充其量它也只是时而或至多是反复出现罢了，这也只因我们没有从内心深处化解它而已。如果一种负面情绪出现时，我们不去阻抗纠缠，而是允许接纳它的话，那么再不堪忍受的情绪也会自然转化的。

身体感官与外界接触时所产生的"好"与"坏"或是"不好不坏"的感受，都会依据过去的经验来分门别类，于是喜怒哀乐等情绪就这样产生了。我们的心总是试图向外界寻求愉快的、美好的感受，来满足内心的需要，因为我们喜欢自己区分出来的"好"，而讨厌与之相反的"坏"。然而，在不断向外界的寻求中，我们发现好与坏、喜与哀、愉快和痛苦等情绪是并存的。当我们获得的愉快越多，与之相反的不愉快也在水涨船高。就像贪婪的欲望，总是让我们看到自己和别人相比还有许多的不够好，于是不愉快的情绪便产生了。

为什么会这样？

也许你会问，难道追求满足是不对的吗？不，这没有什么不对，但是如果过度的话，就会容易丢失自我，掉进执着的陷阱中，最后伤害到自己。

就像生活中，我们时常会听到这样一个老掉牙的笑话：一个男子正在路上走，看见了一个漂亮的女子，于是目光不由自主地被吸引到该女子身上了，忽略了眼前的路，结果整个人掉进了路边的水沟中。听上去，这个笑话已没什么新意，但事实是，我们对各种快乐的追逐不正像这个笑话吗。我们总是不停去追逐所谓的幸福，执着于愉快的感受，期待它会一直持续下去，结果掉入烦恼的陷阱中。

这并不是说我们应该做一个没有情感、没有追求或是不知好坏的人。我们可以去追逐自己所认为的幸福。当我们接触或获得美好的事物时，我们可以欣然去享受这份愉快的感受，但是，我们要明白，这份愉快并不是永恒的。随着条件的变化，它也会慢慢消失。如果我们能带着一颗平常心去接受，想想看，我们的烦恼还会持续多久呢？

我们喜欢愉悦的好感受，讨厌与之相反的坏感受，对于不好不坏的感受则视若惘然。当愉悦的感受消失时，于是一种"失去"的新感受便产生了，这就是我们"讨厌""难过"的坏情绪。

如果我们不能去接受这种无常的自然现象，那么悲伤、痛苦的感受，就自然被我们制造出来。

当我们又接触或获得了一个新的、美好的事物时，或者是久违的幸福失而复得时，我们欢欣雀跃，但接着这些事物又会随着时间推移，慢慢消失于无常中，于是痛苦、伤感的情绪又出现了。喜怒哀乐的情绪就是这样在我们的生命中反复上演。

我们执着于自己所谓的好，希望它会一直存在保持不变，然而我们忽略了世间一切都是流动变化的，都是无常的现象。

不要一味地否定过去

如果一种情绪已经影响了我们的正常生活，甚至是影响了我们的身体健康，那我们就一定要改变自己的某种期待。

我们不能和自己的身心去斗，这只会把自己搞得更加糟糕。事实上，我们的身心一直以来都在竭尽所能地为我们工作。然而，当身体或心理出现状况时，一定说明我们的某种期待超过了自己所能承受的程度。所以不管我们是多么懂得控制，或是意志力有多么强大，当出现问题时，意味着我们必须有所改变。

我们可以有任何的期待，并且也可以去实现它，但如果这个过程让我们感到痛苦，健康也出现了问题，你还要继续坚持原来的那种期待吗？期待的背后不外乎是为了获得更大的心理满足和快乐，但如果在这个过程中，你首先透支了当下所拥有的喜悦和健康，即便最后你实现了那个期待，那么你的满足和喜悦又是什么？

重新调整期待不代表去做一个失败者，或是意志不够坚强，只是我们要学会遵从自然的规律。想象一下，原来的期待没有达成的话，又会怎样呢？我们会变成另一个样子吗？无法正常生活了吗？还是会死呢？都不会。这都只是我们的一种扭曲的想法。事实上，如果一种期待给我们带来诸多困扰的话，一定说明这个期待是有问题的，如果我们继续坚持这种期待的话，就会很辛苦。

我们的期待会映射到生活中的各个层面。在各种关系中，如果我们对某个人有不切实际的期待，会对他造成很大的压力和束缚。即便是自己的爱人或孩子，对这些最亲的人，也不能把自己的期待强加于他们。要知道这样是在压迫别人，就像别人在期待你要怎么样的时候，你会有被压迫的感觉。

不要以为别人没有满足你的期待，就是不尊重你或是不关心你的表现。如果别人一味地满足你的期待，也许你暂时会获得满足，但是给对方带来的一定是自我的压抑，这是一种不平等的待遇。"尊重"和"关心"的背后，往往伴随着一种焦虑、紧张的情绪。你自己曾经多少次委曲求全地满足别人，已深感痛苦，如今又要把这种模式复制到他人身上，难道这就是你想要的所谓"尊重"吗？让别人违背自己的意愿来满足我们的期待是一种控制，而控制终将导致对方和我们自己的焦虑。

我们必须懂得如何调整自己的期待，我们可以放下，可以调低，也可以转变。无论如何我们要明白：我负责我的期待，我的期待只是我的，别人没有义务和责任一定要满足我的期待。我期待他这样，这个是我对他的期待，他不一定跟我一样有这样的期待。我希望我的孩子做公务员，我希望我的爱人做这做那，我希望他或她怎么样，这些都是我对他人的期待。我们有权利坚持自己的期待，但同样他人也有权利贯彻他们自己的期待。

我们要明白，不是说我们为对方做了些什么，对方就一定有责任来满足我们的期待。你可以表达你的关心，但你的关心，不应成为对方满足你期待的必要条件，不应让对方把满足你的期待当作对你的回报。

别人可以有自己的期待，而我的期待是属于我自己的。如果一个人的期待不是他自己的，那么他也可以期待任何人来满足他，如果这样，是不是我就一定要满足他呢？假如很多人都对我有期待，而我也必须满足他们所有人，难以想象，那样的我们会是什么样子。

我们要对自己的期待负责，他人是没有义务和责任一定要满足我们的期待的。

另一方面，即使是自己对自己的期待，如果这种期待超过了自己的负荷，或给自己带来了很大的情绪，那这种期待就是有问题的，也需要重新规划。要知道，能够给自己带来心安与和谐的期待才是健康的。

做回自己，走出从众心理

从事心理咨询多年，许多来访者总是极力地想把自己打造成所谓完美的人物形象，在性格上、身材上、长相上、工作上等等方面，他们对自己总是有太多的不满意。在我的咨询个案中，有一位女学员认为自己性情率直、话多、大大咧咧都是非常不好的性格表现，会被别人认为没有心机。她感到很痛苦，极力地想要改变这一切，于是给自己树立了改变的目标，她希望自己能有杨澜的干练、毕淑敏的亲和、林志玲的女人味……她认为，拥有这一切才是完美的——这个目标现实吗？

其实这些来访者很容易以一种固定的标准来评价和要求自己。事实上，她所认为的这些完美形象，也只不过是仁者见仁，智者见智罢了。咨询的最后，她并没有成为她眼中的所谓"完美形象"，而是做回了"自己"，那时她才真正感受到发自内心的自由与快乐。

在生活中，坚持这种完美心态的人普遍存在，这仿佛已是人们的一种心理通病。从我们的祖父辈到父母再到身边的人，甚至整个社会文化都在宣扬这样一种盲目崇拜的思想，我们宁愿压抑自己的特质和梦想，也要努力地追求所谓的"好"，所谓的"对"，所谓的"完美"，所谓的"首善"，仿佛人就应该是这个样子。我们认为符合了社会潮流，才是对的和好的，否则就是错误和不好的。

我们不光是以片面的、非黑即白的观念去看待自己，而且还以同样的方式看待别人，要求别人。而对于现在的自己，我们从不欣赏，甚至是完全地不接纳。

"从众心理"更是让我们随风倒。就拿去超市购物来说吧，本来我们只是想买自己所需要的东西，当看到某样东西被众多人围观购买或正在优惠促销时，我们也情不自禁地跟风去买，然而买回来的东西真是我们所需要的吗？有时候，在这种心理的驱动下，我们该买的东西没买，不该买的东西却买了一大堆。

在工作中、在穿着上、在生活的各个方面甚至言行举止上，我们都在追随他人，而自己却被完全压抑了。

一旦一种行为表现遭到了否定，我们又开始追寻新的目标，再次改变自己，我们就是这样盲目地追随他人，盲目攀比，完全活在别人的影子里。而自己的生命本真，自己的梦想，完全被压抑了，这样的人生还是自己的吗？

盲目地追随他人，压抑自己的本性，是不会获得真正的平静与喜悦的。

及时整理复盘，不重复相同的错误

我们经常看到许多惯于压抑情绪的人，都是疾病缠身，不是这里不舒服就是那里痛，或者身患久治不愈的慢性病。其中，常见的就是消化系统出现问题，比如胃溃疡，或是胸口常常会有堵塞憋闷的感觉，还有由情绪导致内分泌系统紊乱并进一步造成失眠多梦、身体乏力。

拿孩子来说，如果内在有很多负面情绪不能合理地释放掉的话，他就会出现一些偏差的行为，有可能他会伤害自己的身体，或者是做出一些古怪的行为和事情。这些都是情绪长久积压所致的反应。

情绪是在不断变化和流动着的，当消极情绪出现的时候，我们通常的反应是什么呢？一种是压抑自己，另一种是对别人发脾气。

　　两种处理情绪的方式，都是积压负面情绪的过程，终将让我们无法忍受，进而爆发。很多时候我们都在控制自己的情绪，我们可以感知到被积压的情绪，只是我们不知道如何处理，所以一直以回避的方式来压制它。

不要把消极情绪转移到他人身上

我们身边可能有这样一种人，他们是别人眼中的老好人，待人热情周到，通情达理，可是家庭却经营得不太好，因为他们在外面压抑了太多负面情绪，并且把这些情绪带回了家里撒在了家人身上。

每个人心里都有一份承受荷载，被我们指责的家人，不管他是忍着也好，还是和我们对着干也好，在他的心里也会积压一份负面情绪。当他内心的情绪，累积到一个节点的时候，他就会寻找另一个时间另一个人，然后把这个情绪发泄出来。

负面情绪就是这样不断传递着。不是伤害自己就是伤害自己身边最亲的人。只有拥有了自我化解的能力，我们才能停止这种伤害和轮转。

情绪是否被压抑，身体可以感知到

我们常常感到身心疲惫、忧郁消沉，这必定是在此之前，我们把自己的生命力量更多用在压抑自己的情绪上。所以我们会发现，即便自己没做什么消耗体能的事情，或者生活也没出现什么波折，身体仍然会感到疲惫，情绪也仍然会莫名地消极低落。这是因为我们总是不断地打压情绪所造成的。我们通常把压抑自我的方式，视为是唯一不会攻击他人的情绪处理方式，但这样长期压抑自己，就会导致身体疾病的发生。

对于我们成人来说，生活中总是会遇到无端责骂自己的领导、不公正的待遇、不了解自己的老公、不听话的孩子……这些都让我们感到不愉快。其实，真正让我们感到不愉快的，是我们内在那个无法接受的感受，当前发生的状况更多是起到一个引子的作用。因为只有我们自己认同了伤害，才会真

你就是自己的心理医生

正感到受伤。

美国某医学院研究所做了一项著名的实验，研究人员先将 45 名脾气、秉性完全不同的青年划分为三组。第一组人性情暴躁、敏感、多疑，容易情绪波动；第二组人心态较平稳，性格安静，懂得知足，并且与人和善；第三组人明显表现出外向、积极、乐观、开朗的性格。30 年后研究人员对这三组人群的情况进行比对，揭示出较明显的差异：第一组有 77.3％的人患上心血管疾病、癌症或是精神障碍，第二组有 25％，第三组则为 26％。可见，健康平稳的情绪是身体健康的基础。

经常处在愤怒、悲伤、恐惧、焦虑等情绪中，就会在内心积压过多的负面情绪，这些日积月累的情绪在不知不觉中渗透到我们的身体里，通常会发展成心血管系统、消化系统、泌尿生殖系统、呼吸系统、内分泌系统等方面的问题，从而导致疾病。往往这些身体疾病就是内在情绪给我们的预警。所以不要指望压抑的方式，能解决我们的情绪，而应积极地化解它，并改变导致自己压抑情绪的观念和习惯。

我无法改变过去，但我可以改变未来

对于我们生命中出现的问题，我们不能沉浸在怪罪他人的境况中，而是自己承担起责任。一切的问题最终都要由我们自己来解决，别人不是为了对你的生命负责而活。所以我们不要再把精力浪费在改变外在的人或环境上，那只会不断地把我们的生命推向烦恼的深渊。

悲伤时，你就接受这种悲伤，不去抗拒它。恐惧时，你也接受这种恐惧，不去抗拒它。所有让你感到不安的情绪不要差别对待，就是去纯粹地接受它，不抗拒。如此一来，所有的不愉快自然会在无常法则中慢慢消散，取而代之的就是和谐与安宁，就像乌云尽管有时会遮住太阳，但终将会被阳光驱散，之后就是万里晴空。

你就是自己的心理医生

　　我们需要放下一些不必要的"应该这样""必须那样"，只关注当下的状态就已足够。人的生命本是自由、无所局限的，但这一切都只是从当下开始。不要总是觉得生命还有所欠缺或是不圆满，事实上，我们内心的圆满与和谐，是从不会附加任何条件的。真正让我们感到欠缺或是不圆满的是我们的思想，是我们过去形成的旧思想在迷惑我们而已。而这种思想本身也只不过是我们所选择的一种看待问题的方式。我们不清楚所坚持的这种思想背后掩藏的，其实就是一种恐惧或者说贪求。

　　我们无法通过改变世界、改变他人，来满足自己，这个世界不只有我，也有他，还有无数的"他"。如果每个人都这样去想，这样去做的话，整个世界将一片混乱。每个人的责任不是为他人而活，别人没有义务和责任来满足你的期待。即便是你的至亲爱人也不应为你负责。你是如此，别人也是如此。

　　我们无法通过改变世界和他人来满足我们自己，但是，我们能够改变对世界、对他人甚至是对自己的看法。我们可以选择以爱的眼光来代替恐惧的眼光，重新去感知这个世界。这不是在颠倒是非黑白，也不是在自欺欺人，而是以真实、大爱、客观的方式去观看。

也许你无法完全做到用爱的眼光看待一切，没有关系，这毕竟是我们一生的功课。只要我们有这样的愿望，并尽力去做，我们就会发现生命在不断绽放精彩。

第
六
章

7 天自我情绪疗愈方案

找回自我，培养平常心的观息法

我们的痛苦是共通的。是生气、焦虑、担忧、愤怒、仇恨、恶意、攻击、抱怨、批评、嫉妒还是恐惧？不管是什么样的情绪，什么样的痛苦，情绪就是情绪，痛苦就是痛苦，本质上都是一样的，你不需要去区分它们。

当你生气时，你需要去分辨这是什么样的生气吗？它是孩子不听话的生气？是爱人不关心你的生气？是工作不顺心的生气？是人际关系不好的生气？还是买彩票没中奖等的生气呢？生气就是生气，本质上没什么两样。人类的烦恼和痛苦是共通的，处理的方法也是共通的。学会观息法，便可以调节情绪，改变心境。

正确练习观息法，才能达到静心的最佳效果，进而消除我们的负面情绪。所谓的"息"就是当下的一呼一吸。观息法就是以持续专注的心，如实地观察、觉知当下鼻孔处的呼吸进出，对于当下所经历的任何感受、想法、念头都保持一颗"平常心"。

从心理层面来讲，我们的"心"可以分为表层、浅层和深层三个层面。观息法练习就是逐步经由表层、浅层再进入到深层的过程，每一层的深入都是对心灵垃圾的一次清理。

观息法的一条重要原则是，在练习时，你必须与当下你所体验到的呼吸以及身心的表现同在。无论你的身心呈现出什么样的状况，你都只是允许它、接纳它，不去纠缠它，保持觉知，以平等心的原则对待，以平等心的原则观察呼吸。这个方法适用于每一个人。因此，我们可以持续地练习这个方法，不断地净化我们的内心，让自己成为一个拥有更多安详和快乐的人。

观息法是非常好的一种净化内心的方法，持续地练习可以使负面情绪得以去除，不安的心回归平静、安定，心态、看法自会改变，躯体的不适也自动恢复。

具体练习步骤：

1. 选择安静且不被打扰的环境，以盘腿姿态端坐，挺胸抬头，闭上双眼。将注意力专注在鼻孔处的呼吸进出上，就只是观察（感觉、专注）鼻孔的呼吸进出。注意：身体不要依靠任何东西，保持抬头挺胸。

2. 除了呼吸的进出外，无论头脑产生什么念头、想法，是紧张、焦虑、不安、烦躁、愤怒，还是身体产生什么感觉，是酸、痒、麻、痛、热、涨、冷、缩，都只是保持平常心，也就是说不去管它们，你所要做的就是持续地观察呼吸的进出。

3.练习中，就只是观察呼吸进出，不去思考、分析、解决、评判任何的问题。如果走神了，就拉回到呼吸上，走神了，就再拉回来，就只是观察呼吸的进出。

4. 每次以 20 分钟为基础，每天最好保持早、晚各一次。练习一段时间后，延长每次的练习时间，直到每次做到 1 小时为最佳。

练习观息法的正确态度：

1. 观息法不是尝试去体验一些你读到、听闻或想象的东西，就只是如实地观察鼻孔范围的呼吸进出。除此之外，就只是保持觉知及平常心。

2. 对身心所体验到的现象，不管是愉悦的，还是不愉悦的，轻松地接受，并保持觉知，保持平常心。

3. 注意力只是放在当下的呼吸上，不沉湎过去的思想中，不陷入未来的想象中。

4. 你是否在贪求、在寻找什么东西，是否在排斥、在抵抗什么东西，这都不是平常心。

5.不要尝试去营造什么东西，也不要去排拒正在发生的东西，你只要保持觉知，保持平常心便可。

深度修炼，7 天情绪转化方案

针对比较严重的情绪问题，我设计了一套在 7 天内实现情绪转化的练习方案。这个方案是以观息法和情绪平衡法为基础，并配合当天的诵读练习。它注重的是每天实际的练习，而不是飘忽的理论。只要你认真、用心地去操练，就一定能获得实际的效果。

第 1 天

1. 早晚各做一次观息法练习

早晨起床后及晚上睡觉前，各做一次观息法练习。时间以 20 分钟为基础，若能延长，效果更佳。

练习内容：

①选择一个安静不会被打扰的环境。

②双腿盘坐，保持腰背挺直，闭上双眼。

③将注意力专注在呼吸上。

④以"平常心"的原则去观察（觉知）当下呼吸的进出。对于当下的呼吸状况，以及头脑中的念头不做任何的判断、分析、联想和纠缠，就只是如实单纯地观察呼吸。除此之外，不掺杂任何技巧。

观息法具体练习步骤及注意事项详见相关章节。

2. 自我情绪的释放操练

找一个安静可以独处的环境，利用10分钟左右的时间，进行一次自我情绪的释放操练。练习时间可以任意选择，只

你就是自己的心理医生

需在早晨（或晚上）的观息法练习之后且间隔 1 小时以上。

操练前的准备事项：

①找一个不被打扰也不会影响他人的环境。

②手机静音，且确保所处的环境没有其他电话处于开机状态。

③设一个定时闹钟，时间为 7 分钟。

注意：如果你有高血压或是心脏病，不建议进行此项练习。

具体操作有如下四步：

第一步，选择一个舒适的姿态坐好，闭上双眼，做两次深呼吸，让自己从头到脚尽可能地放松下来。然后，想象自己被一个或许多金黄色的光圈，或是其他让你感觉舒服的光圈保护着。

第二步，继续深呼吸。吸气时，尽可能缓慢有力地吸气，想象自己吸进了新鲜的充满能量的氧气，直到气息充满整个胸腔。然后，缓慢有力地吐气。吐气时，想象所有内在的污垢、伤痛、不愉快都随着气息吐了出去。连续进行 3 至 5 次这样的练习。

第三步，停止所有的想象，保持深呼吸，并加快呼吸的速度，持续一至两分钟。然后，进一步加快呼吸的速度，持续一至两分钟。再继续加快深呼吸的速度，直至 7 分钟闹铃提醒，停止深呼吸。

第四步，停止深呼吸后，立刻全力去呐喊。如果你需要，可以站起来，但最好不要睁开眼睛。就是全力去喊，你甚至可以挥舞双臂猛跺双脚。如果你想哭，那就哭出来，或者用其他的宣泄方式也可以。持续几分钟，直到你觉得可以了，情绪宣泄得差不多了，就结束本次操练。

操练中的常见问题：

你就是自己的心理医生

①若你无法持续想象到光圈也没有关系，只要有这个想象的过程就可以。

②在快速深呼吸的整个过程中，心跳加速是必然的。你可能还会感觉到头晕、恶心、发热或是肢体发麻等状况，但无须担心，这是能量调动的过程，是正常的表现，不会对身体造成任何伤害。在你能承受的状况下，可以尽全力去进行。

③竭尽全力呐喊时，不用顾及是否会被别人听到。你所进行的是一次自我情绪的释放，因此你要放下一切顾虑全力呐喊，把所有积压在内心深处的委屈、伤痛、孤独、愤怒、抱怨、否定、不被接受以及所有的不愉快都通通喊出去。

④呐喊的内容可以是"啊"，也可以是其他任何让你感到能够释放情绪的词或句子。

⑤呐喊过程中，不用担心喉咙，即便变嘶哑了也会很快恢复的。

⑥在整个操练过程中，不用刻意寻求任何效果或感受，让一切顺其自然。

3. 情绪平衡法练习

白天其他时间，若出现负面情绪，反复进行情绪平衡法练习。

练习前准备：

在运用这个方法的时候，你需要暂时离开当时的环境，找个安静的位置，一个无人的角落、楼梯间、卫生间都可以。如果是领导正在批评你，无法离开，你可以低下头，闭上眼睛，在心理上离开他。如果是正在和客户打电话，你可以暂时不去顾及他的咆哮，侧过头，把话筒拿远一点。如果是面对不听话的孩子，你也可以侧过身，暂时不面对他的脸……总之，要暂时离开引起情绪的环境，即使是闭上眼睛，心理上离开也可以。

你就是自己的心理医生

具体练习内容：

当你产生负面情绪时，无论是哪种负面情绪，是愤怒也好、悲伤也好、烦躁也好、恐惧紧张也好，不管是什么负面情绪，都用"你"来代替那个情绪。

①吸气的时候，尽量慢慢地深深地吸气，直到不能再吸气为止，同时在心里默念："我看到'你'出现。"

②然后吐气时，最好是吸气后屏住一小会儿，再尽量有力并缓缓地吐出，同时在心里默念："我允许'你'出现。"

③余下的两个句子也是同理，吸气、呼气，默念对应的句子。

当一种负面情绪出现时，我们便可以这样做：

吸气：我看到"你"出现。

呼气：我允许"你"出现。

吸气：我接受"你"出现。

呼气：我现在愿意释放"你"。

练习注意事项：

①如果想让自己更专注于呼吸所对应的句子，也可以闭上眼睛做。

②整个四句是一轮，你可以根据自己的情况反复做几轮。需要注意的是，每次运用这个方法时，最好是按照上述"看到、允许、接受、释放"的次序进行，待你能熟练应用后，就可以依照当时的感受灵活发挥。同时，每次做这个练习时最好不要超过 6 分钟。如果你还想继续，休息几分钟以后再进行。

③当你运用这个方法来调节负面情绪，有时情绪很快得到了缓解，但也可能负面情绪看上去没有什么明显改善。这时，

你不需要过于专注当下的效果，要知道重要的是保持耐心去做这个练习，不要纠缠于当下的负面情绪，更不要去打压它。

第 2 天

1. 早晚各做一次观息法练习

练习内容及注意事项与第一天相同。

2. 情绪平衡法练习

白天其他时间，若出现负面情绪，反复进行情绪平衡法练习。练习内容及注意事项与第一天相同。

3. 诵读练习

反复诵读以下句子，持续 20 分钟。练习时间可以在观息法练习前后，也可以自行决定，但一定不能掺杂在观息法练习之中。

我愿意释放！我愿意释放！我愿意释放！

我现在愿意释放一切压抑和委屈

我现在愿意释放一切焦虑和紧张

我现在愿意释放一切愤怒和怨恨

我现在愿意释放一切自责和内疚

我现在愿意释放一切恐惧和担心

我现在愿意释放一切失落和悲伤

我现在愿意释放一切负面情绪

我接纳我自己，我爱我自己

诵读练习中的注意事项：

①诵读句子时可以默念、读出声或是大声读出来，尽可能符合你当下自身的感受。

②尽可能用心诵读，尽量避免口里在读，心里却想着别的事情。

③也许某个句子并不符合你当下的状况，可以忽略它，

只需对你有感受的句子更投入去念即可。

④不对这些句子进行逻辑思考和判断，就只是投入情感去诵读。

⑤不去寻求某种效果或感受，让一切顺其自然。

⑥不可在观息法或是其他练习中掺杂此练习。

⑦练习时间以 20 分钟为基础，若能延长效果更佳。

第 3 天

1. 早晚各做一次观息法练习

练习内容及注意事项与第一天相同。

2. 情绪平衡法练习

白天其他时间，若出现负面情绪，反复进行情绪平衡法练习。练习内容及注意事项与第一天相同。

3. 诵读练习

反复诵读以下句子（注意：内容与前一天不同），持续20分钟，相关注意事项与第二天练习相同。

我愿意释放！我愿意释放！我愿意释放！

我现在愿意释放一切自卑感

我现在愿意释放一切挫败感

我现在愿意释放一切沉重感

我现在愿意释放一切耻辱感

我现在愿意释放一切罪恶感

我现在愿意释放一切孤独感

我现在愿意释放一切压迫感

我现在愿意释放一切无助感

我现在愿意释放一切无价值感

我现在愿意释放一切不安全感

我现在愿意释放一切消极感受

我接纳我自己，我爱我自己

第 4 天

1. 早晚各做一次观息法练习

练习内容及注意事项与第一天相同。

2. 情绪平衡法练习

白天其他时间若出现负面情绪，反复进行情绪平衡法练习。练习内容及注意事项与第一天相同。

3. 诵读练习

反复诵读以下句子（注意：内容与前几天不同），持续

20分钟，相关注意事项与第二天练习相同。

我愿意释放！我愿意释放！我愿意释放！

我现在愿意释放一切不被认同的感受

我现在愿意释放一切不被接纳的感受

我现在愿意释放一切被看不起的感受

我现在愿意释放一切被批判的感受

我现在愿意释放一切被控制的感受

我现在愿意释放一切被比较的感受

我现在愿意释放一切被攻击的感受

我现在愿意释放一切被嘲讽的感受

我现在愿意释放一切被排挤的感受

我现在愿意释放一切被欺骗的感受

我现在愿意释放一切被怀疑的感受

我现在愿意释放一切限制我的痛苦感受

我接纳我自己，我爱我自己

第五天

1. 早晚各做一次观息法练习

练习内容及注意事项与第一天相同。

2. 情绪平衡法练习

白天其他时间若出现负面情绪，反复进行情绪平衡法练习。练习内容及注意事项与第一天相同。

3. 诵读练习

反复诵读以下句子（注意：内容与前几天不同），持续20分钟，相关注意事项与第二天练习相同。

我可以选择！我可以选择！我可以选择！
我放下事事追求完美
我选择做轻松自由的我自己

我放下把精力用在"别人对我的看法"上

我选择解放我自己

我放下委屈自己迎合他人

我选择做真实的我自己

我放下批判自己做得好与坏

我选择接纳我自己、赞同我自己

我放下"应该怎样，必须怎样"的固有思想

我选择宽容我自己

我现在放下所有的负面情绪

我选择平静与安定就是我的生命

第 6 天

1. 早晚各做一次观息法练习

练习内容及注意事项与第一天相同。

2. 情绪平衡法练习

白天其他时间若出现负面情绪，反复进行情绪平衡法练习。练习内容及注意事项与第一天相同。

3. 诵读练习

反复诵读以下句子（注意：内容与前几天不同），持续20分钟，相关注意事项与第二天练习相同。

我决定改变！我决定改变！我决定改变！

我把紧张转为放松

我把不安化为平静

我把消极改为积极

我把自卑转为自信

我把压力化为动力

我把否定改为肯定

我以宽容取代批判

我以理解取代掌控

我以祝福取代担心

我现在决定改变我自己

我可以活出真实的我自己

我有无限的力量

我能做好每一件事情

第七天

1. 早晚各做一次观息法练习

练习内容及注意事项与第一天相同。

2. 情绪平衡法练习

白天其他时间若出现负面情绪，反复进行情绪平衡法练习。练习内容及注意事项与第一天相同。

3. 诵读练习

反复诵读以下句子（注意：内容与前几天不同），持续20分钟，相关注意事项与第二天练习相同。

我能够做到！我能够做到！我能够做到！

我是轻松的

我是优秀的

我是健康的

我是快乐的

我是积极的

我是幸福的

我是平和的

我是乐观的

我是自信的

我是安全的

我是和谐的

我能够做到完全地展现我自己

我具有无限的爱、生命力和智慧

少一点外在干扰，多一点自我掌控

如果你完成了7天自我情绪疗愈方案的练习，取得了良好的效果，并想获得更多的益处，你可以根据自己的需要，反复以7天为周期进行该练习。

若这个练习并没有令你的情绪得到改善或缓解，一方面你可以认真地检查一下，是否严格地按照该方案的各个步骤进行练习了；另一方面，如果你的情绪问题比较严重，已经按照该方案认真地练习了，但情绪状况并没有改善或是改善不明显，那么请你根据以下十个条目来测评一下自己当前的状况，看看是否已发展为心理疾病。

1.持久的情绪低落，如忧郁悲观、兴趣减退、无愉快感。

2.有无价值感，如自我贬低、自责自罪。

3.对生活缺乏信心，感觉自己什么事都做不好，生活到处都是困难。

4.凡事总是往坏处想，总是紧张、焦虑、担忧。

5.总是控制不住胡思乱想、敏感多虑。

6.思维迟缓，如反应迟缓、记忆减退，总感觉脑子混乱不清晰，像被糨糊堵住或是被什么东西卡住似的。

7.意志活动减退，如不愿做事、不愿说话、不愿出门、不愿与人接触。

8.生活懒散，总想赖在床上。

9.常态化的睡眠障碍，如严重失眠、早醒、易醒、入睡困难或是醒来后无法入睡。

10.常常伴有躯体症状，如头痛、胸闷气短、心率加快、肠胃不适、没有食欲等。

如果以上条目中有三个或三个以上符合你当前的情况，且程度非常严重，持续时间超过两周，自己虽尝试努力但却无法摆脱的话，这就需要引起重视了。此时，寻求专业的心理咨询或心理治疗是非常必要的。

遇到不顺心的事，难免会产生抑郁、愤怒、焦虑等不愉快的情绪。或许是丢了一个钱包，或者是与某人的关系破裂，或者是业务没有做好，总之可能会有种种不顺心的状况导致你情绪低落，这些都是相对正常的情绪表现。

也许有时某种不愉快的情绪一时无法释怀，但用不了几天，这种情绪可能就会被繁杂的日常事务冲淡。即便是某种情绪已令你产生了心结，但只要它们没有严重妨碍你当前的正常生活和工作，就是相对正常的情绪表现。

但如果情况特别严重，符合以上的诊断标准，就很可能已发展为抑郁症、焦虑症等心理疾病。懂得识别抑郁（焦虑）情绪和抑郁（焦虑）症是非常必要的，这一方面可以避免贻误病情，小病拖成大病，另一方面也避免对号入座，把正常的情绪反应当成了疾病。

案例篇

案例一
20 多年的焦虑症、疑病症，我终于战胜了你

下文为我的一位患者的自述。

分享一下我的练习体会。我患焦虑症 20 多年了。父亲从小对我就很严厉，他的教育方式总是离不开拳打脚踢。因为长期生活在恐惧中，我的性格变得胆小怕事，敏感多疑。直到几年前我在梦中仍会梦到被父亲打骂的场景。

1996 年的冬天，我看见一位癫痫病患者突然发病，全身痉挛。过了一个月左右，我在寝室锻炼时忽然晕倒，这让我不禁想到那位癫痫病患者，怀疑自己也患了此病，心里变得极度恐惧，同学的安慰也不起作用，

你就是自己的心理医生

学习成绩一落千丈。

在医生的建议下，我去遵义医学院做了脑电图，结果显示正常。医生说我没有得病。当时我听了很高兴，一下子轻松了许多。

但好景不长，约过了两周时间，我又开始怀疑是不是医生没有检查准确。那种想法挥之不去，就像幽灵一般缠绕着我，让我整天惶恐不安。过了半年，在医生的建议下我决定再去做"诱发性脑电图"，结果与上一次检查出来的一样。

我曾去市人民医院的心理门诊看医生，心理医生听了我的情况后，开了半个月的药，但服用后没有效果。医生还建议我去看看心理方面的书籍。我到书店选到了我当时认为最满意的书：《当生活成为负担》和《心灵处方》，阅读后才知道自己产生了心理障碍。

2018年初，我在网上购买了李宏夫老师的著作《战胜抑郁》。我按照上面的方法练习，15分钟、20分钟、

30分钟……然后，我联系了李老师给我进行心理辅导。
辅导近五个月，我身上的负面情绪和躯体症状得到有
效释放和缓解。此套心理疗法主要有观息法、誓言法、
情绪平衡法、亦止法，等等。这些方法各有特色，哪
些方法对自己更适合，心理老师会根据学员的情况来
确定。李老师根据我的情况，把我的练习确定为：观
息法、随时随地观呼吸和誓言法。

我们之所以受到心理困扰，是因为我们有许多"妄念"（指
虚妄的或不正当的念头）和"负面联想"（又称为灾难联想，
制造了一波又一波的焦虑与恐惧的情绪）。妄念是我们过去
长期扭曲的认知不断积累的结果，负面联想则是我们消极的
思维模式导致的。但真正使我们痛苦的不是妄念，而是内心
对妄念的"相信"（即认同）。如果你既能做到对头脑中产
生的妄念"不相信"（即不认同），又能控制住"负面联想"
的出现，那么你就不会出现心理问题。

1. 观息法。先举一个梦的例子：假设你晚上做了一个噩梦，
在梦中你一定会被恐怖的梦境所惊吓到，因为你内心"相信"

或"认同"梦境是真实发生的。直到你"醒"来才能摆脱恐惧，因为你"醒"后内心就不再"相信"或"认同"梦境的真实性，你明白那仅仅是"梦境"而已。梦与妄念有点相似：梦不仅有想法，还有清晰的声音和画面；妄念通常只有想法，而没有声音和图像。妄念不像梦那样形象生动，且又伴随在日常行为和日常生活中，所以不易被觉察。和梦一样，如果我们能从妄念的状态中"醒"过来，觉察到它仅仅是某种想法而不是真实的事实，就可以摆脱困扰。但要如何做才能从妄念的状态中"醒"过来呢？答案是：观息法练习。

观息法的核心要求就是：把注意力集中到自己的呼吸上，对头脑里出现的任何妄念不理睬、不纠缠、不认同，让它们顺其自然。很多人（包括我）在开始练习时，很难做到把注意力集中到呼吸上，也很难做到对头脑里出现的任何念头不理睬，更难做到让它们顺其自然！因为我们的大脑早已习惯对那些妄念进行纠缠、关注、认同，要改变这一思维习惯不是一天两天就行的，它比你想象的要强大得多！也就是说，我们习惯于把妄念当作事实，习惯于把想象的虚妄的内容当作真实发生的事实。这种"认同"的感觉越强烈，说明心理问题就越严重。大量的实践表明，坚持观息法的练习是可以彻底改变这一思维习惯的。换句话说，坚持观息法的练习能使你从妄念的状态中觉醒过来，不再被想象的虚妄的内容所困扰，让你清醒地活在当下。

从某种角度上来说，观息法的练习过程就是培养你觉醒和觉察的过程：在练习时，当你把注意力集中到呼吸上，就会发现头脑中的妄念会不停地涌现，扰乱你的注意力，把你的注意力"拉走"，但你又必须把注意力"拉回来"，拉回到呼吸上来，如此反复，反复如此。随着练习的深入，慢慢地你就会自然而然地发现：原来它们仅仅是某个想法，而不是真实发生的事实，此时你就开始觉醒了。只要觉醒了就能觉察到妄念的存在，才能做到对它不理睬、不认同，才能真正改变旧有的思维习惯，从而摆脱困扰。就目前来说，你还不能摆脱它的困扰，因为你还没有完全觉醒，也没有觉察能力，就不能真正做到对它不理睬、不认同，你必须通过大量的、长期的、耐心的练习才能逐步做到这一点。记住，我们的格言是练习，练习，再练习，别无选择！

你就是自己的心理医生

虽然练习之路充满荆棘，但却是一条通向光明的大道。需要提醒的是：练习时决不能急于求成，否则只会适得其反，急于求成会干扰练习，你不能静下心来全心全意地练习，这样就会大大降低练习效率。所以，我们在练习时，就只管练习，一切顺其自然，"功到自然成"在这里就是真理！

观息法除了能培养觉察能力和改变思维习惯以外，也能控制负面联想的出现。比如，晚上失眠后，你有什么感受？是不是也像我以前一样，一睡不着就会想：明天还有许多事要做，如果今夜睡不好觉，明天精力肯定很差，那些工作怎么办？工作做不好，同事们就瞧不起我，领导也看不起我，我会不会因此失掉工作？没有工作就没有收入，我还未处对象，看来这辈子要单身了；失眠会导致内分泌失调，我肯定会得许多疾病，这太可怕了；失眠会导致……类似的负面联想会一直持续下去，根本停不下来。越睡不着就越想睡着，越想睡着就越睡不着；越睡不着就越焦虑，越焦虑就越睡不着，形成恶性循环。遇到这种情形不失眠才不正常，几乎没有人能在焦虑中熟睡，即使睡着了也会做噩梦或早醒！但如果我们仔细分析就会发现，真正使我们失眠的是焦虑或恐惧，而焦虑或恐惧又是由于我们的负面联想引起的。所以，假如我们能控制住负面联想的出现，就能控制住焦虑或恐惧的情绪，也就能安然入睡。那要怎样做才能"控制住"负面联想呢？答案是：观息法练习！

负面联想本质上来说也是属于妄念的一种。当我们把注意力集中到呼吸上，负面联想就很难持续下去，事实上，我们所有的负面情绪都与我们的负面联想紧密相连，只要我们控制住了负面联想，焦虑或恐惧的情绪就会自然而然地消退、消失。

当然，要想随心所欲地控制住负面联想的出现，不下一番功夫是不可能的。因而，我们的格言仍旧是：练习，练习，再练习，除了练习，还是练习！别无选择！

观息法还有一个作用：帮助我们释放内心压抑许久的负面能量。对这个问题，不在这里详细阐述，它比较复杂，你了解了对你的治疗也没有实质性的帮助。大致是：负面能量长期压抑在我们的潜意识中，很难被释放出来，因为前意识

你就是自己的心理医生

时刻都在对它们进行"审查"，也就是说，前意识不轻易"允许"它们从潜意识里"出来"，这仅仅是一个形象的说法而已。总之，负面能量积累得越多，躯体化症状就越明显、越严重。但是实践证明，观息法是可以帮助它们释放出来的。因为当我们进行观息法练习时，我们的注意力集中到呼吸上，排出了一切杂念，身心就会放松，所有的意识也会跟着放松，前意识也会随之放松"审查"，负面能量就会得到释放。这就是为什么许多人在练习时出现躯体化症状会"比平时更严重"的现象。自然，这种现象也会随着练习的深入而逐步减弱，最终痊愈。

> 我的观息法练习是从 15 分钟开始的。最初练习时，15 分钟也很难熬，不仅腿麻脚痛，而且还冒冷汗等。约 15 天后才基本适应，就延长到 20 分钟，也很难熬……最后延长到 40 分钟，更难熬，脚麻得厉害，腰部也酸痛，老是想看时间什么时候结束，但仍坚持着……直到今年 7 月份联系到李老师后，才发现原来最大的困难还未到来：李老师要求每次做到 1 个小时！当时我就傻了，希望每次只练习 40 分钟，每天多练习几次：我觉

得每天练习的总量（总时间）不变效果应该一样。但李老师温和而坚定地说：不可以！每次必须做到1个小时！这样才会达到最佳效果。没办法，只得硬着头按要求做（因为第一我不想花冤枉钱，第二我已明白了观息法的治疗原理）。最开始时，前40分钟比较容易，后20分钟难以忍受，实在忍受不了就轻轻地动一动脚，有时要动好几次，但心里总告诫自己：尽量坚持不动。这期间也看了那些先练习的学员写的心得体会，从中得到了许多信心和力量。其实大多数学员的情况都一样：1个小时练习的初始阶段都必须咬牙坚持……幸运的是，随着练习次数的增加，那种痛苦难受的感觉在慢慢降低。现在，做到1小时也不是什么难事，有时还有点困难，但基本没问题。如果你准备做这项练习，也要做好克服这些困难的心理准备。

2. 誓言法。世界著名心理学家艾利斯认为：人的思维借助于语言而进行，不断地用内化语言重复某种不合理的信念，这将导致困扰无法排解；情绪困扰的持续，实际上就是那些内化语言持续作用的结果。这句话可以理解为："负面情绪"是由"负面语言"引起的，或者说，"负面语言"导致"负面情绪"。

比如某个人常常在心里说：我是个失败者，我是个令人讨厌的人，我成事不足败事有余，我是个窝囊无能的人，谁都可以对我颐指气使，我长得真难看，我的背景太差了，我没救了，我成了家庭的负担，等等，那么这个人的情绪会怎么样？毫无疑问，糟糕透顶。我们稍加研究一下就会得出：那些"负面语言"其实就是"消极思想"（又称消极想法）。也就是说，我们的负面情绪是由我们的消极思想导致的。换句话说，你感到心灵痛苦是因为你有消极思想，反之，如果你没有消极思想，你就不会感到心灵痛苦。你仔细体会一下你内心的对话，是不是这样？特别是你在感到焦躁不安、痛苦万分时，注意内心的所思所想。要如何做才能控制消极思想呢？答案是：誓言法练习！

也许你会这样想：既然消极思想这么可怕，那我以后不再想它了！嗯，你的想法可以理解，但是你做不到！至少你目前做不到。因为你的大脑没有经过系统地训练！许多人都能认识到消极思想的危害，但就是不能真正做到"不想"，要是他真能做到，那他就不会有心理问题了。因为消极思想是从脑海深处自动地"冒"出来的，不是你"想"出来的，所以你没法控制。心理学上称之为"自动的思想"。有时你会无缘无故地感到恐惧或伤感，你确实什么也没想，但消极思想会自动地从脑海深处冒出来了，即使它们转瞬即逝，也会给你带来巨大的痛苦和折磨。练习誓言法为什么能控制消极思想呢？因为练习誓言法就是朗诵那些由语言组成的句子，那些句子实质上就是一种"新思想"，一种健康有益的、充满正能量的新思想。这种新思想是一种"正面思想"，和你脑海深处的"负面思想"（消极思想）相反，正面思想能使你变得淡定、镇静、自信、积极、阳光、乐观等等。但这种思想必须扎根于你的潜意识才能发挥巨大的作用。它们一旦扎根于你的潜意识，就会逐渐取代那些消极思想，使消极思想逐渐"枯萎"，显得苍白无力，进而失去作用。另外，它们只要扎根于你的潜意识，就会自动地冒出来，让你变得淡定、镇静、自信、积极、阳光、乐观等等。然而，如何做才能使正面的新思想进入我们的潜意识呢？答案是：练习，反复练习，除此之外，别无选择！也只有练习，心理才能康复。

你就是自己的心理医生

　　实际上，那些消极思想是我们平时自觉不自觉的，在心里一而再再而三的重复，才逐渐进入我们的潜意识的。现在，我们也是用相同的方法让正面的新思想进入潜意识、扎根于潜意识而已。需要提醒的是，在练习誓言法时，可能会出现这样的情况：在朗读有些句子时，你感觉读到的东西"太假"或不符合"事实"，会有一种自欺欺人的感觉。例如："我现在开始宽恕每一个人……"我对他那么好，他却如此地伤害我、背叛我，我为什么要宽恕他？这样的人不得好死……当你有类似的想法很正常，这是因为你大脑里的旧思想和新思想发生了冲突，你的大脑暂时不愿接受"不认可"的东西。但只要你反复的练习，你的大脑就会朝着正确的方向调整，最终会认同这些新思想，而那种自欺欺人的感觉就会自动消失。

　　誓言法除了能控制消极思想外，还能改变旧有的认知模式和消极的思维模式。我们为什么对别人的背叛感到愤怒，恨不得将其碎尸万段？因为我们的大脑已经提前接受了"背叛是最卑鄙、最可恨的"这一观念，这一观念早已根植于我们的潜意识中，变成一种"标准"或"尺度"，一旦有人的言行"违背"，这种标准或尺度，就会自动得出"他最卑鄙、最可恨"的结论，因而我们会对他的言行感到非常愤怒。但是，如果我们接受了"我现在愿意放弃所有的怨恨，我愿意宽恕他们，我愿意用爱心拥抱自己、拥抱世界"这一观念，并使这一观念植根于潜意识，那么，即使有人"背叛"我们，我们也不会愤怒，而会选择宽恕或原谅。不难看出，只要旧有的观念改变了，我们的认知和思维模式就会改变，我们的标准或尺度也会跟着改变，相应的负面情绪也能随之改变。同样地，要想彻底改变旧有的认知模式和消极的思维模式，也必须练习，练习，再练习，别无选择。

我在练习誓言法时，开始时也感到怀疑：这些句子对我有用吗？这些句子真的能改变我吗？而且，有些句子读起来很"拗口"，甚至觉得不通顺。但我还是坚持每天读。以前学的心理学知识也在此时提醒我：大脑只接受我们认同的东西，我之所以觉得拗口，觉得不通顺，可能是因为我的大脑不愿认同这些新思想。后来的实践证明：的确如此！随着练习次数的增多，我慢慢发现语句不仅是通顺的，而且还蕴含着许多深刻的哲理！这又促进我更加愿意花费时间来练习。随着练习的加强，我渐渐感悟到许多新的哲理：关于生命的、人生的、社会的、人际关系的、自我认识的等等。在此期间，李老师根据我的实际情况，誓言内容调整了四次，十分感谢！如果没有他的指导，我不知要走多少弯路，也许还在泥潭当中挣扎。随着练习的深入，我的感悟也逐渐增多。我知道，感悟的出现，说明那些誓言句子所蕴含的新思想正在根植于我的潜意识，正在内化成我的信念系统的一部分。也正是那些感悟，帮助我化解了一个又一个心理困扰，让我逐步看到真正的光明。

以上就是我目前的练习体会。最后，我要再次感谢李宏夫老师的耐心指导，感谢那些分享练习体会和分享练习经验的学员，同时也感谢我自己一直都在坚持练习，是你们，让我领悟到了什么是爱和温暖，让我体验到了生活的愉悦和生命的色彩。

亲爱的读者，倘若你现在还在黑暗的深渊徘徊，对生活悲观失望，那么你应该鼓起勇气寻求帮助。我以及和我一样的许多人都从黑暗里走了出来，你也一定能行！要相信，黑暗只是暂时的，光明和幸福才是永恒的。这个世界充满爱，你不是孤立无助的，我愿做你精神上的朋友！

案例二
请相信，一切都是上天最好的安排

下文为我的一位患者的自述。

过去篇

我出生在重庆一个普通的家庭，父亲是医生，母亲是公务员，家中就我一个孩子。我父母的性格截然不同，父亲是个很大男子主义的人，做任何事情都要听从他的指示；而母亲的性格比较温和，不喜欢和人吵架、发生矛盾。这样的家庭环境造就了我性格上的缺陷，心理上开始有了一点害怕和多疑，要是有人在我身边窃窃私语，我就觉得和自己有关系，开始间歇性地疑神疑鬼，后来我才明白这是焦虑症。

之前并不觉得自己有什么问题。比如：学生时代有运动会这些活动，前一天的晚上，一定是睡不着或者是睡不好的，头脑里一直会去构思和想象第二天的各种画面，越想就越睡不着。

直到高一的时候，爆发的点终于来到了。我晚上开始睡不着，老是觉得别人要来殴打我，越想越紧张，越想越害怕，越想越觉得这是真的，然后开始不去上学。

虽然有母亲的关心和照顾，她也在有限的范围内积极地帮我寻医问药，但收效甚微。医生说我根本就没毛病，但是我内心痛苦的感觉是前所未有的，也是极度恐慌的。

从第一次开始，我就有过轻生的念头。2002 年那时还没有抑郁、焦虑这样的说法和所谓的好的方法。因为我找不到出口，心里又放不下，我不甘心自己就这样结束，所以我开始和黑暗对抗，越是对抗，情况就越严重，心里痛苦的感觉也在持续加重。中间一两个月的时间，状态有所好转，我以为没事了，好了，

151

你就是自己的心理医生

后来通过康复训练学习才知道，这只是症状控制住了而已，根源问题还是没有得到解决。

我又开始到学校上学，没过几个月第二次爆发来临。原因是一个什么压力事件，具体是什么我忘记了，我再一次陷入黑暗，我不明白这是为什么。我不是好了吗？为什么又这样了，之前的痛苦，我要再来一次？内心是崩溃无助的。

身边的同学就很奇怪，这个人有的时候是这样，有的时候又是那样，他们的议论和眼神越发地加剧我的症状表现。就这样我开始了漫长的和黑暗对抗的岁月，中间断断续续。主要的感受是，做什么事情都没兴趣，感觉自己完全不是原来的自己，不会说话不会交流，以前擅长的东西，突然就变得不会了，感觉整个人背上了一个巨大的包袱，丢不掉甩不掉。每一天都休息不好，白天没精神，整个人没有一点精气神，萎靡不振，而且是持续性的，有时一个月，有时几个月或者半年，每一天都令我度日如年、痛不欲生。

　　到 2019 年已经整整 17 年的时间，各位，17 年啊！其间我有出去适应社会，但都是三天打鱼两天晒网，就是因为不定期地陷入黑暗中。后来 10 年左右的时间我再没有出去上过班，靠着母亲的接济过活。每当我陷进去的时候，我的内心就无比痛苦，有个声音不停地告诉自己，我是个什么都干不了的废物，活在世界上就是多余的，只会拖累身边的人 。现在想来，我还心有余悸，很后怕，不知道自己是怎么熬过来的。

转机篇

　　事情的转机就在 2019 年的 10 月份国庆节，我依然深陷黑暗中不能自拔，家人虽然着急，但是完全帮不了我，所谓的开导和心灵鸡汤对我来说一点作用没有。我觉得自己是个废物，觉得自己什么事情都做不好，就连基本生活都有很大问题，觉得对不起父母，对不起爱人，对不起所有给过我帮助和希望的人。我痛苦、无助、想放弃生命，但我就是不甘心，我还想坚持，虽然我不知道自己是怎么了，但我还是觉得自己能好起来，就像过去的 17 年一样，只是我不知道好起来的一天是哪一天而已。我在手机上打开了喜马拉雅FM 看到了重塑心灵心理训练中心的一些音频节选，我就开始一个一个地去听，虽然就是这样简单的事情，对于当时的我来说都变得无比困难，有体验的人都懂那种感觉。听了许多的音频节选，我感觉我找到了知音，终于有人明白我，终于有人和我是一样的感觉，不止我一个人这样。在音频的后面看见了推荐的李宏夫老师的书《战胜抑郁》，我犹豫了好多天，终于在网上购买了它。就这样开启了我的心灵修炼之路，我开始认真地看书，学习书中的方法，一遍记不住，我就一直看，一直不离手，睡觉的时候这本书都在我的床头放着。

自我练习篇

看了好几天才开始练习书中的方法，不是看不懂，而是完全无法集中精神去看。誓言法、观息法、随时观呼吸、静卧观息。我大概花了一月才总结出来这本书讲的就是这几种方法。我的天，你们想想我当时的状态和智商。

首先练习的是观息法。严格按照书里的要求，从
20 分钟开始练习，10 天；然后 30 分钟，10 天；然后
40 分钟，1 个月；然后就是 1 个小时，过程无比的艰
难和痛苦，但是我觉得观息法还是很适合我的一种修
炼方法，至少在我练习的时候，我会感觉整个人比不
练习的时候舒服很多。一开始我完全坐不住，心理上
的感觉，身体上的疼痛都让我极度地不适应。其实这
都无所谓，主要是我遇到问题的时候完全没人能沟通
和分享，只能一个人默默地坚持，坚持，再坚持，一
遍一遍地看老师的经历和其他学员的经历，一遍一遍
地看方法的注意事项。这一坚持就是整整 5 个月的时
间，150 天我从来没有间断过，每天 2 次的观息练习，
虽然我不知道到底对我有没有帮助，我有没有进步？
我的修炼方式是不是正确的，所有的一切我都不知
道，但是我唯一知道的就是我不能放弃我自己，我要
坚持到底！

誓言法。我记不住誓言，就一遍一遍地读，刚开
始很小声，后来慢慢地大声读出来、喊出来，然而一
点效果都没有。直到练习誓言的第 2 个月，才对书中

你就是自己的心理医生

的誓言句子有了一点点感觉,但是几乎可以忽略不计。症状和自己的状态依然没有起色,有时候感觉好一点,但很快又会陷入无穷无尽的思想痛苦挣扎中,每天起来我都会问自己,今天应该好起来了吧?

随时观呼吸。完全不知道怎么练习,感觉对我一点用处都没有,后来由老师一对一辅导以后才知道自己为什么不得要领。所以,如果你还在犹豫是不是要找老师一对一辅导的时候,我的建议是真的不要犹豫,你的犹豫会耽误你走出黑暗的时间,这是一个过来人最真诚的建议。

静卧观呼吸。一开始感觉还不错,平时晚上要醒5或6次,练习以后可以减少到3次或2次,我就觉得很神奇。但是越到后面效果越不好,我也不知道问题出在哪里。我也没法和人交流,就只能和之前一样,一遍遍地看书调整自己的心态。

一对一辅导篇

转眼就到了 2020 年，快过年之前，疫情还没有到来，本来我感觉自己的状态没有恢复到自己认知的所谓好的状态，我是不想回家过年的，但是有很多的因素最终让我硬着头皮回家了。就在这期间我和母亲沟通，我希望能找李宏夫老师进行一对一的辅导，因为我觉得李老师的这套方法对我是有作用的。虽然效果还不明显，但是我心里总是感觉方向是对的。练习中我遇到很多的问题和困惑，我觉得只有和我有过一样经历的专业的李老师才能帮到我。母亲告诉我：儿子，你想做就去做，别让自己的人生留下遗憾，学费的事情，我来给你想办法。这次谈话，让我心里真的很难受，也很纠结。因为这几年家里的经济情况本来就不好，再加上我 10 年没上班，家里是一点积蓄都没有，这个时候还要因为我的问题加重家里的经济负担，我真的非常纠结。但是我真的想走出来，好起来，重新燃起对生活的希望。

于是，我下定决心找李老师进行一对一辅导。第

你就是自己的心理医生

一次和老师打电话我是很紧张的。我要说什么？怎么说才能让老师明白我内心的感受？老师会不会理解不到、指导有误？等等。电话接通以后老师告诉我不用紧张一会儿就好，果然我和老师沟通了几分钟后，我的情绪平复了好多，我把我的过往经历全部告诉了老师。1个小时真的很快，我感觉我有说不完的话，问不完的问题。我的情况是什么范畴？到了什么程度？还能痊愈吗？要花多少时间？第一期课结束后还要花钱报第二期课吗？没有效果怎么办？李老师很有耐心地一个一个地给了我答案。

原来我有强迫、焦虑、恐惧、抑郁的综合症状，程度只能算很一般，完全能够痊愈，而且时间不会很长。听完这些话，我那种如释重负的感觉真的无法用语言来形容。但是老师告诉我，关键的点不在老师，而是在我自己。老师的指导只是一个方向，关键是我要持续不断地去练习，去感受，去体会，去领悟，才会有所得。其中一个插曲就是我的分享的开头，一切都是上天最好的安排。

　　顺其自然也是如此，选择接受、不对抗、不理会、不争，无论是你的感受、情绪、感觉，还是身体上的反应。一切的一切都是无常变化的，它会来就会走，你只要持续地保持平常心，心里是平静的，呼吸是顺畅的，这种让你不舒服的感觉就会慢慢地减弱，最后消失不见。也就是真正让你有所得的时候。练习中的关键点，因为每个身处黑暗中的人，情况不一样，程度不一样，练习的时间和强度不一样，所以不能一概而论。

　　但是我能分享给大家的就是不放弃自己，相信一定能好起来，持续不断地坚持练习，再练习，相信一切都是上天最好的安排，你就会有所体会，有所领悟，有所得。才能一步一步地走出黑暗，迎接美好幸福的生活。生活本美好，只是我们自己的心乱了而已。

　　练习之路在我看来就是修心之路，路漫漫其修远兮，我的修行之路其实也才刚刚开始而已。未来的路还很长，请相信一切都是上天最好的安排，一切黑暗都会过去，只要你的方向和方法是对的，只要你坚持，曙光就在不远的前方。黎明前的黑暗虽然漫长和痛苦，但是终究会结束，这就是无常变化现象，这就是大自然的法则。

走在通往光明的路上

和老师一对一的辅导持续了 3 个多月的时间，开始每一次辅导间隔 10 天左右，之后间隔会长一些，到后面快结束的时候是 25 天。本来是有 9 次的辅导，第 8 次的时候是 2020 年的 5 月 25 号，老师告诉我他想把我的最后一次辅导无限期地延长，在我认为最需要的时候告诉老师，完成最后一次辅导。一开始觉得时间很漫长，我的状态也很反复，巴不得天天给老师打电话，告诉他我遇到了什么问题，我应该怎么解决，怎么还是没有起色。李老师告诉我任何事情都要有一个过程，让我放平心态。

我 10 年没上过班，没接触过社会。老师鼓励我走出去才能得到解脱，才能真正地修炼平常心，才能全面地走出黑暗。我走入社会的第一份工作是快递打包员，我去了半天就回来了。我觉得这份工作不适合我，老师告诉我，我应该选择对自己未来发展有帮助，能展示我优势和特点的工作。我听了老师的话，找了新工作做起了销售，到现在为止已经1个多月了。在以前我是不敢迈出这一步的，是李老师的鼓励让我有了勇气和力量。

辅导快结束的时候，我真的很不舍，第8次辅导时我差点哭出来。谢谢我的坚持，我开始佩服我自己，接纳我自己，爱我自己。

说起我现在的状态，我已经不再去纠结到底是好还是不好，我只知道我的练习不会停止，我的平常心需要不断加强,我要更加努力地体验顺其自然,更好地,持续地保持平常心，才能应对现在和未来的生活。

案例三
经历了失眠、焦虑，我学会了接纳自己，
真正地学会了活在当下

下文为我的一位患者的自述。

俗话说"四十不惑"，本意应是指一个人到了
40 岁，经历了许多，已经有了自己的判断能力，对人
生诸事不再感到困惑了。也许，古时候是这样的。现
代社会，四十岁却是人生的转折点，身上背负的责任
越来越大：家庭、工作、事业。身上背负得越多，想
得越多，睡眠就越少，到了压力的临界点，哪怕生活
与工作中的一件小小的事情都会是压倒睡眠的最后一
根稻草。

从未有过失眠症经历的我在临近 40 岁的 2019 年
10 月中旬居然失眠了好几个晚上，起因是工作上的烦
心事。连续几天的失眠使我陷入了恐慌，开始担忧身
体健康，心头总是像压着一块大石头。于是乎白天忙
着看中医、喝中药，晚上忙着跟失眠症做斗争，心情
越来越烦躁、焦虑。

就这样跟失眠症斗争了约 3 个月，我的睡眠状况
越来越差。2020 年 1 月底春节期间，每天晚上 10 点
上床睡觉，翻来覆去睡不着，迷迷糊糊地到凌晨三、
四点才能睡着一两个小时，而且还总做梦，睡眠质量
很差，整个人的身心疲惫至极。

在调整睡眠的这几个月时间里，我在喜马拉雅找
助眠音乐的时候无意中听到了李宏夫老师心理咨询中
心的节目，感觉主播老师讲的内容挺真实和有用的，
就经常听节目来调整自己的心态。2020 年 2 月初，我
感觉靠自己是很难走出失眠症的，于是联系了中心的
助理老师，报名了李宏夫老师的一对一辅导课程，开
始了康复之旅。

你就是自己的心理医生

　　从第一次辅导开始，李老师就通过电话教我练习观息法，课后通过QQ给我发来第一周期的誓言。就这样，我每天按照老师的吩咐，早上和晚上各练习20分钟的观息法，一有空就默读誓言，把誓言背诵下来。

　　第一周期的前几天效果不太明显，还是一样的焦虑、睡不着，实在忍不住了就在QQ上问李老师，老师回复了两句话："这正是我们要面对的，睡不着，然后开始焦虑。我们同样还是要保持平常心，观呼吸。"于是，我只能说服自己相信老师、相信自己、相信这个方法，继续坚持每天练习观息法和誓言法。

　　就这样，每隔十来天进行一次电话辅导，观息法从20分钟一直加到后来的60分钟，誓言语言变为后来的短文，通过3个月的练习，焦虑感在慢慢减弱，入睡也变得不再那么困难了，睡眠时间也在慢慢增长。辅导期间虽然反反复复，有时候睡得很好，有时候又会睡不好，但整体来说睡眠质量在慢慢改善。

　　现在的我，已经结束辅导2个多月了，还是按照老师的嘱咐每天坚持早晚练习观息法 30 到 40 分钟。内心变得越来越平静了，情绪变得越来越平和了，偶尔还会担忧睡眠、健康问题，但已经懂得了任其升起、任其消失，不再为难自己。

每个人失眠的起因不尽相同，但过程都是无比的痛苦，我在老师的鼓励下总结了自己与失眠症和平共处的体会，希望能给各位带来一点点的帮助。

从认知上，要彻底改变旧有的思维模式，睡眠虽然重要，但不应成为障碍，不要过分担心失眠症对健康的影响。即使中午或晚上偶尔睡不着也不会有大问题，不要把自己与失眠画等号。睡眠时间也不是越长越好，只要睡眠质量高，醒来后的精神状态好，能维持正常的生活和工作足矣。

从意识上，要彻底放下对睡眠的期盼与执着，失眠不是敌人，要放下戒心和执念。睡眠不受大脑控制，受自主神经控制，越不管睡眠，睡眠就越好。平时一定要保持积极乐观的心态，对一切事物的发生和自己的身心状态保持平常心，不纠结、不过分担忧，完全接纳自己的任何状态，活在当下，顺其自然，相信自然法则会处理好一切，享受快乐美好的人生。

从方法和行为上，只要经常保持专注当下的平常心就好，不纠结于睡眠，不把自己当病人，该干啥就干啥。配合每天早晚各40至60分钟的观息法练习以保持平常心，早睡早起，多运动多看书，睡眠肯定会越来越好，质量会越来越高。

睡觉时，不要强迫自己入睡，不要想着以前是怎么睡着的，不要有任何的期待，也不要想着睡醒后的计划。总之就是要完全地接纳自己，不要有任何杂念，保持平常心，放松身心，不要把注意力放在头部，而只是把注意力有意或无意地专注于自然呼吸上，自然而然就会慢慢入睡。

日常生活中，初级阶段时应随时观察自己的呼吸，每个整点时间闭上眼睛观呼吸一分钟，后期阶段应随时感知各个身体部位以及当下姿势的感受。例如：走路时专注地觉知脚底与地板接触的支撑感受，以此来锻炼自己的觉知能力，让自己随时保持平常心，活在当下。

经过一段足够长的时间的观呼吸练习后，能长期稳定地保持平常心了，睡觉时可不必观呼吸，心无杂念即可自然入睡。即使当下睡不着，也要静静地躺在床上，闭目养神，自然地观呼吸，尽量不要有杂念，不要强迫自己入睡。最终，不论当下的自己是好还是不好的状态，不论是否紧张、焦虑、兴奋，都能从心底完完全全地接纳自己。活在当下，并且真正懂得宽容别人，不纠结任何的怨恨，顺应无我无常的自然法则，随时随地地保持平常心，那么就能彻底摆脱失眠症的困扰，并且会活得越来越解脱，离苦得乐。

塞翁失马，焉知非福。每一次的困境都是一笔宝贵的人生财富。我们要学会接纳自己，真正地做到顺其自然、活在当下。

后 记

　　人生起起落落，多少谷底在等着我们翻越，现在回过头看自己从谷底走出来的经历，对生命的理解更加深刻丰富。无论经历怎样的痛苦，生命本身都在忠诚地为我们寻找解脱的出路，都在帮助我们把负面情绪转为正向和积极。

　　回顾和负面情绪相处的那几年，有辛酸与苦涩，更有磨炼与成长。经历了多少次的绝望和打击，走过那种种痛苦，内心真是感慨万千。我暗自立誓，决定全心投入心理救助的事业中。这一方面原因是，我在自己寻求治疗的过程中，了解到有许多在痛苦中挣扎的朋友，还没有找到出路；另一方面，这段心路历程促使我继续探索内心的秘密，不断成长。

　　毕业后我全身心研究心理学，决定终生从事心理问题的

你就是自己的心理医生

研究与实践。我在中科院心理研究所潜心研修心理学，并跟随国内外多位知名大师学习催眠疗法，也在香港进修自然医学顺势疗法、音乐治疗。

在北京从事了多年的心理咨询工作后，为更有效地帮助来访者走出内心低谷，重塑自己，我以自己的亲身经历和体悟，结合当代心理学理论以及儒、释、道的思想，创立了"心灵重塑疗法"，帮助了许多来访者从抑郁、强迫、焦虑、恐惧等症状中成功地走了出来，获得新生。

需要强调的是，如果你听闻了一种方法或是一种理论，你感觉它是正确的、有效的，但最后没有身体力行去实践，那么这种理论或方法永远不会在你身上产生作用。任何方法，都要自己去亲身实践后，才是属于自己的。就像这本书的书名一样，如果我们只是听闻了、思考了，最后希冀着通过他人的帮助来解决自身的问题，那这种方法再好再有效也永远只是别人的方法，自己永远经历不到方法带来的成果。

每一种负面情绪的背后，都可能有着各种复杂的原因。

也许你的问题是在童年成长中积累的，也许是你在生活中遭遇了某些挫折或创伤，也许还有很多……

我们的问题都是来自过去的思想和看法，只要你愿意放弃过去的旧思想，重新选择健康、正面的新思想，只要你怀揣希望，坚定地修炼你的心，你一定可以获得新生。人生还有什么情绪问题是不能化解的？还有什么样的心理局限是不能突破的？

路是自己走的，如果你向前迈一小步，距离目标就缩短一大步；如果你走完全程，就到达了最终目标。我就是这样一步步坚持地走下来的，只要坚持按照正确的方法去实践，就一定可以到达成功的彼岸，看到雨后的彩虹。

阅读心得

阅读心得

阅读心得

阅读心得

阅读心得

阅读心得

阅读心得

阅读心得

阅读心得

图书在版编目（CIP）数据

你就是自己的心理医生 / 李宏夫著. –– 北京：中国友谊出版公司, 2021.11（2022.5重印）

ISBN 978–7–5057–5086–9

Ⅰ.①你… Ⅱ.①李… Ⅲ.①情绪－自我控制－通俗读物 Ⅳ.①B842.6–49

中国版本图书馆CIP数据核字（2020）第265682号

书 名	**你就是自己的心理医生**
作 者	李宏夫
出 版	中国友谊出版公司
发 行	中国友谊出版公司
经 销	北京时代华语国际传媒股份有限公司　010-83670231
印 刷	唐山富达印务有限公司
规 格	880×1230 毫米　32 开
	6 印张　100 千字
版 次	2021 年 11 月第 1 版
印 次	2022 年 5 月第 3 次印刷
书 号	ISBN 978-7-5057-5086-9
定 价	49.80 元
地 址	北京市朝阳区西坝河南里 17 号楼
邮 编	100028
电 话	（010）64678009